堅果奶、堅果醬料理大全
Nut Milks and Nut Butters

Nut Milks and Nut Butters
堅果奶、堅果醬料理大全

Cook Yourself Healthy With Coconut Water, Oil, Milk and More

- 在家就能簡單手作
- 增進你的健康、滋養你的身體
- 以蔚為風潮的天然營養素取代乳製品

凱薩琳．阿特金森（Catherine Atkinson）◎著

張鳳珠 ◎譯

晨星出版

注意事項

雖然本書的建議和資訊在出版之際已準確無誤，但如有任何錯誤或遺漏，或因實踐本書指令或建議而造成任何傷害或損失，本書作者或出版商一律不負責任何法律義務或責任，請讀者自行斟酌。

安全需知

如果你有腎臟方面的問題，或者正在限制鉀的攝取量，那麼你的飲食中就不應該包含椰子水或任何含有椰子的相關產品。此外，椰子相關產品永遠不可以取代處方藥物。

配方需知

- 食譜的份量均以公制表示，你也可以使用標準量杯和量匙。你可以依照其中一種衡量單位，但不要相互混淆，因為，它們無法完全換算。

- 標準量匙和量杯的單位為：
  1 茶匙＝ 5 毫升；1 湯匙＝ 15 毫升；
  1 杯＝ 250 毫升

- 烤箱的溫度是針對傳統烤箱，如果使用風扇烤箱，溫度可能需要降低大約 10-20 ℃／20-40 ℉，你可以參考你的烤箱說明手冊。

- 每份食譜的營養成分分析是以一份量計算（每份或每單位），除非有特別的說明。如果食譜的單位有特定範圍，例如 4-6 份，則是以小份量計算，也就是取 6 份中的 1 份計算。營養成分分析中並不包含自選的成分，例如調味的鹽等。

- 書中採用的雞蛋為中等（美國為大顆），除非另有說明。

目錄 CONTENTS

堅果奶與堅果醬 9

　堅果奶、堅果醬的簡史 9

　自製堅果奶與堅果醬 11

堅果對健康的好處 12

　不同生活方式與堅果 12

　堅果對心臟的好處 13

各式各樣的堅果 15

　杏仁果 15

　巴西堅果 16

　腰果 17

　栗子 17

　椰子 18

　榛果 18

　夏威夷果 19

　花生 19

　胡桃（山核桃） 20

　松子 20

　開心果 21

　核桃 21

　是堅果還是種子？ 22

各式各樣的種子 23

　芝麻 23

　葵花子 23

　南瓜子 24

　火麻仁 24

　堅果與種子的購買與儲存 25

工具與裝備 26

　果汁機（或食物調理機） 26

　堅果袋 26

　濾果汁袋或薄棉布（稀鬆的薄棉布）以及篩子 27

　玻璃壺或有柄的冷水壺 27

　寬口瓶與其他容器 27

　消毒寬口瓶 28

　有刻度的水壺與量匙 29

　刮鏟 29

　烤盤與不沾鍋 29

製作堅果奶 30

腰果奶 30

堅果為什麼要先浸泡 33

各類堅果所需的浸泡時間 33

堅果奶的儲存及保存期限 34

製作不同濃度的堅果奶 35

如何川燙杏仁果 36

如何讓堅果奶濃稠和乳化 36

杏仁奶 37

榛果奶 39

榛果的去皮與烘烤 40

核桃或胡桃奶 40

夏威夷果奶 41

開心果奶 42

巴西堅果奶 43

剝除栗子皮的方法 44

栗子奶 44

製作種子奶和穀類的奶 45

葵花子或南瓜子奶 46

火麻仁奶 47

燕麥奶 48

製作椰奶和椰子系列食品 49

椰奶和椰子奶油 49

處理成熟椰子的方法 50

濃縮椰漿 50

椰子鮮奶油 51

堅果奶與種子奶的混搭、調味與使用 52

堅果奶與種子奶的各式混搭 52

堅果奶與種子奶的調味 53

超級食品的配方 55

為堅果奶和種子奶增加甜味 56

製作不含牛奶的食材 57

堅果奶優格 57

杏仁奶乳酪 59

堅果麵粉 60

如何使用堅果麵粉 61

如何使用椰子麵粉 61

製作堅果醬 62

花生醬 62

花生的去皮與烘烤 64

其他堅果醬 66

如何製作有顆粒的口感 70

開心果與夏威夷果堅果醬 70

如何使用巧克力榛果醬 72

製作種子醬 75

葵花子或南瓜子醬 75

芝麻醬 76

堅果醬與種子醬如何使用 78

堅果奶油 78

堅果奶油和種子奶油的用途 79

食譜

早餐和飲品　84

石榴葡萄柚杏仁優格　84

椰奶棗子燕麥粥　84

堅果燕麥脆穀片　85

覆盆子榛果優格蘇格蘭布丁　85

香蕉麥片胡桃奶薄煎餅　86

杏仁奶圓麵包　87

杏仁奶黑莓瑪芬　88

水果種子奶油堅果棒　89

腰果奶煙燻鱈魚煎蛋捲　90

栗子菇吐司厚片　90

杏仁奶印度燴飯　91

熱帶巴西堅果奶昔　92

薑味梨子核桃奶昔　92

印度風味腰果奶芒果飲　93

木瓜杏仁優格奶昔　93

湯品　94

蒜味杏仁冷湯　94

咖哩花椰菜腰果濃湯　94

蒜味燕麥清湯　95

歐洲防風草榛果濃湯　96

火麻仁蘑菇濃湯　97

洋蔥杏仁濃湯　98

胡蘿蔔蘋果腰果濃湯　99

椰奶海鮮巧達濃湯　100

雞肉南瓜濃湯　101

點心與沙拉　102

中東茄子芝麻沾醬　102

辣味核桃優格沾醬　103

中東芝麻鷹嘴豆泥沾醬　104

海鮮腰果泥　105

黑線鱈鮭魚法國派佐腰果奶油　106

花生醬豆腐煎餅　108

雞肉沙嗲串燒　109

加多加多沙拉（GADO-GADO）　110

芽菜沙拉佐腰果奶油　112

雞肉沙拉佐椰子奶油　113

甜點　134

椰奶冰淇淋　134

杏仁奶冰淇淋及開心果奶冰淇淋　135

玫瑰杏仁奶凍　136

蘋果核桃奶英式牛奶布丁　137

烤咖啡卡士達佐夏威夷果奶油　138

杏仁奶布丁　139

巧克力椰子杏仁塔　140

杏仁奶托斯卡尼米糕　142

北非小米佐杏仁椰子　143

麵包、蘋果、杏仁奶布丁　144

冬季水果杏仁醬烤酥餅碎　145

主菜　114

南瓜花生椰奶咖哩　114

蔬菜佐辣花生醬　115

蘑菇櫛瓜杏仁奶千層麵　116

義大利手工蛋黃麵佐杏仁奶油拉古醬　118

四川芝麻擔擔麵　119

辣豆子杏仁奶玉米蔬菜燒　120

青蒜榛果奶塔　121

魚片杏仁奶濃湯　122

明蝦罌粟子腰果奶濃湯　123

核桃奶火雞　124

椰奶腰果奶優格火雞肉　125

杏仁醬法式燉雞　126

杏桃杏仁醬雞肉捲　127

豬雞馬鈴薯佐花生醬　128

鳳梨椰奶豬肉咖哩　129

杏仁豬排捲　130

泰式牛肉咖哩佐甜花生醬　131

印式燉羊肉佐玫瑰杏仁醬　132

烘焙類　146

綜合堅果思佩爾特麵包　146

燕麥奶全麥司康　148

火麻仁奶水果麥芽吐司　149

花生醬午茶麵包　150

椰子杏仁覆盆子瑞士捲　151

巴西堅果奶鳳梨翻轉蛋糕　152

杏仁蛋糕　153

腰果醬餅乾　154

花生醬餅乾　155

堅果奶與堅果醬

從最早狩獵採集時期人們簡單的飲食到希臘羅馬時代舉行的奢華宴會，堅果一直都是最寶貴的食物。到了現代，堅果仍然是南美雨林部落及許多西非和亞洲人的重要食物。不過在西方國家，銷量最大的堅果都被作成高鹽分的零食，且經常是用飽和脂肪或氫化油烘烤，這一點非常可惜。因為堅果在未加工的狀態下營養價值最高，含豐富的蛋白質、維他命與礦物質，能提升免疫力，讓人體免受疾病的侵襲。雖然脂肪含量較高，但主要是對心臟有益的單不飽和與多不飽和脂肪，並含有大量的植物固醇，這些都有助於降低膽固醇。

近幾年來，許多人了解到堅果的營養特性，因此堅果產品的需求量大大的增加，超市開始把堅果奶及各式各樣的堅果醬、種子醬和一般乳品並列。在十年前，市面上能買到的堅果奶只有杏仁奶，而且只有少數健康食品店才能買到，現在杏仁奶連同榛果奶、椰奶等已經隨處可得。堅果醬也是相同的情形：早期超市貨架上只有花生醬，現在則琳瑯滿目，各式各樣包括榛果、杏仁、腰果、南瓜子、向日葵的堅果醬都有。

■ 堅果奶、堅果醬的簡史

雖然在現代超市裡，杏仁奶與其他堅果奶、堅果醬是新產品，但是好幾世紀以來，堅果奶和堅果醬的使用其實很普遍，以杏仁奶來說，它一直是中東菜餚的要角，而在中世紀時也深受歐洲富裕家庭的喜愛。當時杏仁果是熱銷的昂貴進口貨，在那個年代，還沒有現代的

◀在家自製堅果奶和堅果醬很簡單，更不用說入料家常菜。

▲堅果的營養和價值就和他的
種類一樣多。

▲雖然市面上有很多種堅果類的產品,但在家自己動手做也很簡單。

冷藏設備,乳品的保鮮期不長,雖然每天都有街頭小販在販賣,但往往因為加水稀釋而受到汙染,尤其天氣熱時,幾個小時就會酸敗,因此有錢人家不買牛奶,而是喝杏仁或核桃做的堅果奶。製作堅果奶非常費工,因為需要用乳鉢和乳鉢鎚鎚打磨碎,好處是這種奶油狀的液體可以存放好幾天,另外還有一個額外的好處:在教會限制購買牛乳製品的日子裡,還有堅果奶可以喝。

也大約是這個時期,奶凍大受歡迎,那是一種加了膠質放在華美的模子裡做出來的白色點心,作法是用剁碎的雞胸肉和杏仁奶一起燉煮,再加蜂蜜調味。這道奶凍後來去掉雞肉,變成一直很受歡迎的幼兒點心。

在所有的堅果醬中,花生醬是最出名的,阿茲特克人可能是最早將花生壓碎作成富含油脂的濃稠果醬,印加人則早在公元前 1500 年時,就用花生供神和隨著木乃伊陪葬。很早以前旅人就把落花生的植株帶到非洲,最後以同樣的方式傳播到世界各地。時光快轉,幾千年後,在 1884 年,加拿大人馬賽勒斯 ‧ 吉爾摩 ‧ 埃德森(Marcellus Gilmore Edson)成為第一個取得花生醬專利的人,他的產品非常扎實,像冷凍奶油狀的花生醬,1 磅賣 6 美分,這種花生醬後來成了牙齒掉光,沒辦法咀嚼的人的營養品,在當時,牙齒掉光的人相當普遍,大約 10 年以後,約翰 ‧ 哈維 ‧ 家樂博士(Dr.John Harrey Kellogg)創做出更

濃稠的配方，它的製作方法是採用蒸熟而不是烘烤，家樂博士把這種高營養食物給他的療養院病人食用。這次的嘗試並沒有很成功，接著家樂博士和兄弟轉而研發其他的產品，最後因為推出「家樂氏早餐穀片」而一舉成名。

花生醬的大規模生產開始於1908年，不過早期產品質地粗糙，品質不穩定，保存期限也短。漸漸地，有了防止花生醬油水分離的方法，機械也改進了，堅果經過烘烤更增添了風味，質地也更綿稠，使得花生醬愈來愈受歡迎。

■ 自製堅果奶與堅果醬

無論你是自己做堅果食品或購買市售的成品都悉聽尊便，因為工業化生產的堅果奶、堅果醬也都能做出本食譜裡所有的餐點，不過請仔細留意包裝紙箱與罐子上的標示，最好選擇含堅果成分較多，沒有加糖的堅果奶，及未添加氫化油穩定劑或高糖、高鹽的堅果醬。

自製堅果奶、醬只需要把浸泡過的堅果加水，打成奶，或是把堅果磨成糊狀的堅果醬，加不加調味料都無所謂，自己製做出來的東西新鮮又好吃，比調理好的經濟實惠多了，你還可以完全根據自己的喜好來調製。

堅果對健康的好處

堅果是天然的營養庫，含有蛋白質、維他命、礦物質和對心臟有益的 Omega-3 脂肪酸，讓人容易達到均衡的飲食，好幾世紀以來，新鮮堅果大多直接食用或入菜。但是最近二十年來，大型超市或小批發商販售的包裝堅果都是經過油炸，加了許多調味料的高脂、高鹽的不健康

▲堅果營養又健康，且適合大多數的飲食方式。

零食。雖然這種商品的銷量沒有降低，但最近消費者對不調味的堅果、堅果奶、種子奶及各類堅果醬的需求，都有快速增長的趨勢。

■ 不同生活方式與堅果

對於需要或選擇嚴格飲食方式的人，例如素食、無奶、舊石器時代、低鈉、低醣、高纖養生法等，堅果都是適合的食物。

素食

堅果提供了相當高的蛋白質以及鐵和鋅等礦物質，這些都是無肉飲食容易缺乏的。堅果一般含有約 10-20％的蛋白質，至於花生和杏仁等，蛋白質含量則和乳酪一樣多。雖然沒有任何單一種類的堅果含有 9 種必要氨基酸（構成蛋白質的元素），但是只要和含有氨基酸的食物一起吃，就很容易補足，也就是說吃杏仁果時，也要補充一些雞豆（又稱為鷹嘴豆或雪蓮子）。

無奶飲食

堅果奶對乳糖或乳製品不耐症的人尤其有用，因為可以取代食譜中大多數的乳品，也可以製成無奶優格或拿來烹調。堅果也是鈣質極佳的來源，通常鈣質需從乳製品裡獲得。

舊石器時代的飲食法

舊石器時代飲食法是依據當時已進化完成的人體的營養需求。它摒除了乳製品、穀物、豆類、加工油及精製糖。除了屬於豆類的花生以外，其餘所有的堅果、種子都符合舊石器時代飲食。

低鈉飲食

堅果和種子僅含微量的鈉，所以非常適合需要留意鹽攝取量的人，購買未調味的堅果時，務必仔細查看包裝上的標示，因為有些種子加工時會用鹽水清洗。堅果的鉀含量也很高，可以降血壓。

低醣飲食

大多數堅果和種子都屬於低醣食物，只有少數含量多一點，例如：杏仁與巴西堅果每 30 克才含 1 克的醣，但是等量的腰果及栗子就分別含 8 克及 10 克。

高纖

堅果是纖維的極佳來源，搭配未精製的複合碳水化合物，例如水果、蔬菜等時，形成極均衡的飲食，以核桃為例，每 100 克就含 6 克的纖維，和全麥麵包等量，相當於 3 倍的糙米飯含量。

■ 堅果對心臟的好處

研究顯示，常吃堅果的人能降低罹患心血管疾病的風險，雖然它們的脂肪含量高，但堅果與種子大多是單不飽和脂肪及多不飽和脂肪，只要每週在健康飲食中加入 3-4 把堅果或種子，心臟病發做的機率就能降低 50％，雖然有些堅果對心臟特別有益，但其實吃任何一種都可以達到此成效。

不飽和脂肪

單元不飽和與多元不飽和脂肪都能降低「壞的」低密度脂蛋白（LDL）並提升「好的」高密度脂蛋白水平，從而降低膽固醇。低密度脂蛋白（LDL）太高是引起心臟病的主要原因之一。

植物固醇

堅果中,特別是花生、杏仁和核桃,和種子中的葵瓜子、南瓜子、芝麻都富含植物固醇,可以有效幫助降低膽固醇。此外,多數堅果(松子和椰子除外)含有亞油酸,它能消減膽固醇的沉積物及左旋精氨酸,以提升血管的彈性,使動脈壁更健康,因此減少了阻斷血流的血凝塊出現的機率。

纖維

堅果是攝取纖維很好的來源,不僅能降低膽固醇,還能有飽足感,讓你不至於飲食過量。

Omega-3 脂肪酸

許多堅果富含這類脂肪酸,可以預防心房顫動,一種致命性的心律不整。

維他命 E

堅果富含多維他命 E,可以抑制引起動脈狹窄的斑塊。

堅果對糖尿病的好處

對糖尿病患者,或是處於糖尿病前期(又稱「葡萄糖耐受不良症」)的人來說,控制血糖,以降低罹患高血壓、動脈硬化、冠心病、中風及眼睛與腎臟等問題的長期風險,極端重要。研究顯示,吃堅果可以幫助調整非胰島素依賴型或乙型糖尿病人的血糖,不過適合挑選未加鹽、糖調味的新鮮堅果。

▲僅僅每天食用少量的堅果和種子,對健康就有正面的影響。

各式各樣的堅果

從溫暖潮濕的亞馬遜雨林到較涼爽的歐洲落葉林，世界各地都有生產堅果，好幾世紀以來也都深受人們喜愛。從前只在秋冬有新鮮的堅果，現在則一年到頭都可買到散裝或密封包裝的堅果，種類還很多，帶殼的、調理好的、生的、熟的、整顆完整的、壓碎的、磨粉的……。

■ 杏仁果

這種堅果有淡淡的香味，因此成了製作堅果奶和堅果醬的最佳材料。杏仁樹原產於地中海東岸，但是其他氣候溫暖，適合這種柔嫩的春天果實的地方也有生產。杏仁樹和杏桃、梅、桃樹屬同科，這也是它們的果實都很相似的原因。杏仁常見於阿拉伯菜餚，而西班牙、西西里、馬爾他與葡萄牙地區也很普遍，因為這些地區在歷史上都受到阿拉伯的影響。

杏仁果有兩種：甜杏仁與苦杏仁。甜杏仁中，產於西班牙、葡萄牙的是近乎心型的瓦倫西亞杏仁；而加州杏仁則是較為扁平、橢圓的形狀。如果你想保留杏仁完整的風味，就買未脫去褐色薄膜的杏仁，因為未脫皮杏仁在保存時可以留住濕度和甜味。苦杏仁的形狀較小，味道也較苦，生食還有毒，所以一般商店沒有販售。苦杏仁加熱後可以去除毒性，用來製作杏仁油、杏仁精，可在烘焙食品時增加香氣。

對健康的好處

假使你必須避開乳製品，那麼富含鈣質的杏仁則是堅果中的首選。同時它們也是維他命 E 最好的來源。維他命 E 是天然抗氧化劑，可避免細胞受損，對皮膚也有益處，還可降低罹患心臟病的風險，以及老化容易產生的認知能力退化等等。此外它們也富含：維他命、鐵質、鎂、鉀和鋅。

▲杏仁和腰果是最常用來做堅果奶的兩種堅果。

▲左上：巴西堅果富含對身體有許多功效的硒。
　右上：鮮橙色的腰果梨和垂掛在下方的腰果是許多熱帶國家重要的食物

■ 巴西堅果

　　巴西堅果是從亞馬遜雨林及南美洲部分地區一種野生的大樹採下來的，以植物學分類，屬於種子而非堅果。在堅硬木質化的果實，有 12 至 20 個左右的種子，緊密的排在一起，形成楔形的形狀。巴西堅果有甜甜的奶味，脂肪含量很高（約 65％），因此務必冷藏以避免酸敗。

對健康的好處

　　巴西堅果是攝取礦物質硒最好的食物來源之一，硒是一種抗氧化酶，可以對抗自由基及香菸或污染等有毒物質的傷害。硒能提升對傳染病的抵抗力，同時還含有消炎的成分。近期的研究顯示硒可能可以防範前列腺癌及甲狀腺的問題。一天只要一兩顆巴西堅果就能吸收足夠的硒，因此手作堅果奶或堅果醬來補充營養時，只需加少量的巴西堅果。也可以直接吃，但一天當中不要超過 4 顆，攝取過量可能導致掉髮和指甲脫落。此外，巴西堅果亦含有：蛋白質、鈣質、鉀、鋅、維他命與纖維質。

■ 腰果

　　腰果樹本來是巴西土生土長的常綠喬木，現在則是溫暖的熱帶地區都有廣泛的種植。腰果這種質地柔軟的腎形堅果就垂掛在形似梨子的鮮橙色果實「腰果梨」下面。在巴西，腰果梨常用來榨汁或釀酒，腰果則是去殼並稍微烤過，因為烘烤可以去除腰果二層殼中間有毒的腰果殼油。腰果可以製成細滑、幾乎沒有特別風味的堅果奶。由於腰果約十分之一的成分是澱粉，因此製成的堅果奶較濃稠，可以增加菜色變化。

對健康的好處

　　腰果對吃純素的人特別有好處，因為腰果含有很多可以幫助血液輸送氧氣的鐵，以及對免疫系統非常有用的鋅。鋅在人體中無法儲存，所以必須每天攝取。腰果還有富含：蛋白質、鉀、鎂、維他命 B6（人體代謝氨基酸與脂肪的必要物質）以及對懷孕婦女特別重要的葉酸。

■ 栗子

　　栗子容易讓人聯想到聖誕節，原產於南歐、部分亞洲地區、北非，美國也有廣泛的種植。這種亮麗的褐色堅果是甜栗而非馬栗樹的果實，但兩者其實毫無關連，馬栗樹的果子是不能食用的。一般栗子大多是從法國和西班牙進口，拿來做菜，甜鹹皆宜。在秋冬季節可以買到新鮮帶殼的栗子，不過一年到頭都可買到以真空包裝或罐裝、瓶裝、剝好煮熟的栗子或栗子泥。但是在 12 月時，貨源是最充足的，因為它是歐洲人聖誕節的傳統應景食物。栗子所含的脂肪不多，質地是柔軟的粉狀，必須煮熟才能食用。概略的估計，1 磅半（675 克）未去皮的栗子，去皮後約 1 磅重（450 克）。剝栗子相當費工，因此若趕時間，可以選用調理好的。

對健康的好處

　　栗子是目前所知脂肪最少、卡路里最低的堅果，它的澱粉含量比其他堅果都高。同時是維他命 C 極佳的來源（所以請注意不要過度烹調，以免維他命 C 被破壞），它們還富含維他命 B，包括 B6。

■ 椰子

椰子能增加菜餚香甜的奶味，一直是亞洲、南美及非洲菜餚常用的食材，它也是世界上用途最多的食物之一，例如富含纖維質的椰子殼可以是製成各式各樣的物品。椰子是椰子樹的果實，只有陽光充足、溫暖潮濕的氣候才長得好。椰子的白色果肉可以製成椰奶和椰子奶油，打成椰奶醬或切成長條加以乾燥，作成椰子片和椰子粉。

對健康的好處

雖然椰子所含的脂肪主要是飽和脂肪，但近期研究顯示椰子含豐富的中鏈脂肪酸，在人體中消化的方式接近醣類而不似脂肪。椰子還能提升 HDL 值（也就是「好的」的膽固醇），此外還含有維他命 C、E，這兩種維他命都能讓人體免受自由基的傷害。

■ 榛果

榛果產於英國、美國、土耳其、西班牙和義大利。一般販售的都是去殼完整的榛果，有時還保有褐色的薄皮。榛果有獨特的香味，烘烤過的香味更香，同時也更容易剝下外層薄皮。歐洲榛（Filberts 和 Cobnuts，原產於英國肯特郡）是人工栽培的品種。採收後就在當地販售的歐洲榛，往往還帶著淡黃綠色的殼及綠色的葉狀苞，榛果仁則是濕潤的乳白色果實。

榛果油呈深棕色，香氣濃郁，可以和榛果一起作成香氣十足的堅果醬。

▲ 上：市面上可以買到新鮮或調理過的栗子。

中：椰子可以製出各式各樣的烹飪材料。

下：榛果的脂肪含量比其他的堅果少。

◀左：帶著奶味易碎的夏威夷豆是
　高級的點心，這一點可從它
　的價格反映出來
右：花生製品種類繁多：帶殼的、
　去殼的、帶著花生衣的、去
　掉花生衣的、花生醬或花生
　奶

對健康的好處

　　榛果是最健康的堅果之一，脂肪含量比其他堅果都低，還富含可以幫助降血壓的油酸，同時還有維他命 E、葉酸及纖維。

■ 夏威夷果

　　夏威夷果原產於澳洲，目前是夏威夷主要的農作物，產量大約占了全世界九成。美國加州和南美也有少量種植。這種有濃郁奶味且易碎的圓形堅果，比其他堅果含更多脂肪，而且價格高昂。

對健康的好處

　　夏威夷果含脂肪量很高，有 78％屬不飽和脂肪，其中又主要以單元不飽和脂肪所組成，而且對心臟有益處的 Omega-3 脂肪酸（Omega-3 fattyacids）的含量特別多，纖維含量也相當於一般堅果的兩倍。另外也富含：對增加精力很有幫助的硫胺素（維他命 B1），以鈣和鉀。

■ 花生

　　花生其實不是堅果，它是生長在溫暖氣候地區的豆科植物，原生於南美，但目前以中國的種植數最多，印度、美國次之。花生在植株開花後，直接長在泥土的表層底下，所以被稱為「落花生」。花生收成後大部分製成花生油（因

為花生含油量將近 50％），其餘則多製成花生醬，另外有些國家——部分非洲國家，將花生當作主食，通常拿來做燉菜。輕薄的花生殼有許多氣孔，容易吸收土壤中的成分，包括殺蟲劑，因此最好購買有機栽種的花生。

對健康的好處

每克花生所含的蛋白質勝過其他的堅果，同時富含菸鹼酸（即維他命 B3），菸鹼酸能降低膽固醇；也含有促進腦部發育、防止認知能力下降、胎兒先天缺陷所需的葉酸；此外還含有：纖維、鐵、鉀與維他命 E。

■ 胡桃（山核桃）

胡桃是北美洲最主要且是唯一從天然野生堅果樹長出來的（絕大多數產於南方腹地），胡桃的原名出自美國印地安語：「必須用石頭敲碎的堅果」。許多美國傳統菜餚都有使用胡桃，例如有名的「胡桃派」。胡桃有著紅褐、表面光滑呈卵形的殼，殼裡面則有雙瓣的果仁，樣子很像拉長的核桃，但比較光滑、柔軟，並帶有淡淡的甜味。

對健康的好處

胡桃對心臟特別有益，並含有可以降低膽固醇的固醇類。胡桃富含維他命 B3，這種維他命能釋出食物的能量，因此可以抗疲勞。此外含有豐富的維他命 E、鋅及油酸。

■ 松子

松子是可以食用的松樹堅果，不論是韓國松所產的淚滴狀小型松子或是地中海石松所產的較狹長型松子，都不容易採集，一噸的松果只能收集不足 39 公斤（85 磅）的松子，所以售價高昂。近乎金黃奶油色的松子有著奶油般柔軟的質地，味道芳香可口，烘烤過後更加美味。松子經常用於中東菜，也是義大利青醬的主要原料：加入蒜頭、濃郁的橄欖油、新鮮的羅勒，打成獨特香味的醬汁。

◀左：在中東與地中海地區普遍用松子作菜。
右上：胡桃可以降低膽固醇並釋出食物的能量。
右下：開心果是維他命 B6 極佳的來源。

假使你買的是散裝的松子，請務必確保其新鮮度，因為松子含的脂肪量很高（約70%），容易酸敗。

對健康的好處

松子是硫胺素（維他命 B1）和磷的極佳來源，同時富含蛋白質和鐵，並含少量菸鹼酸（維他命 B3）。

■ 開心果

這種小堅果呈淡綠色，有時帶有鮮綠的斑點，並有一層紫紅色薄膜，通常在去殼時會一併剝除。開心果是以色澤及香味來判定等級和價格。市面上也可以買到剝殼的開心果，但通常都已加鹽調味，不適合製成堅果奶，所以要確認你買的是未調味的。

對健康的好處

開心果含有維他命 B6、鐵及鉀，其中鉀有助於降血壓。此外還富含蛋白質、鈣、鐵、硫胺素（維他命 B1）及維他命 E。

■ 核桃

雖然世界上許多地區都產核桃，但最主要是從法國、義大利和美國加州進口。夏季所採收的核桃仍未成熟，屬於「濕」的核桃可以醃起來保存。這個時期的核桃仍是綠色的、有著乳白色的果仁，殼還很柔軟，像果凍似的。到了秋天，在綠果子裡的殼就會變硬。核桃有一種苦中帶甜的氣味，市面上可以買到剝好的半個或碎片狀的核桃，碎片狀的價格稍便宜一些，且適合用來打堅果奶和堅果醬。

▲成熟的核桃可以製成各式的
　餐點，也可以直接去殼生吃。

對健康的好處

所有的堅果都含有 Omega-3 脂肪酸，但核桃除了 Omega-3 還含有很多 α-亞油酸（ALA）。α-亞油酸對引起心臟病的心律不整特別有幫助。核桃可以減少動脈發炎和氧化的現象。此外還富含：鎂與磷。磷和鈣需要互相搭配才能建造強壯的骨骼和牙齒。

■ 是堅果還是種子？

堅果指的是外面有硬殼、乾燥的的果實；種子則是新生植物的胚芽和使其生長所需的養份，許多我們稱為堅果的食物其實並不是堅果，像松樹的松果，裡面含有種子，種子外面並沒有硬殼，所以松子其實是種子。花生其實也是種子，或稱為「豆子」，因為它長在豆莢裡面。花生被植株壓在土壤裡面，最後變乾、變硬，把它稱為堅果是烹調上的習慣用法。椰子其實也不算堅果，它只是長得很大顆的果實，看起來像核果。

各式各樣的種子

種子也許看起來小小的，不太起眼，不過，它們跟堅果一樣含有豐富的營養，可以製成非常濃郁綿密的種子奶和種子醬。

■ 芝麻

芝麻這種小小的黑或白的種子，在中東與東方的菜餚中使用得很廣泛。芝麻可以磨成濃稠的糊狀，製成中東芝麻醬或中國芝麻醬，兩者差別在於芝麻是否先烤過。芝麻也可以磨碎製成令人垂涎的土耳其芝麻糖，它是許多國家，包括希臘、土耳其和以色列人非常愛吃的甜點。

對健康的好處

芝麻富含蛋白質和鈣，同時含有許多鐵和菸鹼酸（維他命 B3）。

■ 葵花子

顧名思義，葵花子就是向日葵的種子，這種巨大的黃色花朵原產於墨西哥和秘魯，目前是全世界許多地區的重要作物，尤其是蘇俄和烏克蘭，他們主要為了採集葵花子來榨油，只有少數植栽是為了供應鮮花市場。

◀左：葵花子、芝麻和南瓜子都可以用來做種子奶。
右：火麻仁含有全部 9 種必需氨基酸。

▲南瓜子可以生吃或烘烤或磨粉當作增稠劑，也可以製成堅果奶、堅果醬。

整株向日葵都有用途：葵花子榨過油之後剩下的油渣餅，可以拿來餵農場裡的牲畜；葉子萃取出來的成分可以用來醫治瘧疾之類的疾病，莖則可以用作堆肥。

對健康的好處

葵花子富含鉀和磷，並含有多酚類化合物，例如綠原酸、奎尼酸及咖啡酸，這些都是天然抗氧化劑。其中綠原酸可以降血糖，因此對糖尿病患者特別有好處。葵花子還含有：鐵、鋅及維他命 C 和 E。

■ 南瓜子

南瓜子是長在南瓜中心纖維狀組織裡的白色種子，帶有橄欖綠的顏色，一頭尖尖，呈橢圓的形狀。南瓜子在南美洲的菜餚中很普遍，常烤過再磨粉，可以製成濃稠的醬汁。

對健康的好處

南瓜子鋅的含量很高，因此對免疫系統特別有好處。另外含有蛋白質、鐵與維他命 C。

■ 火麻仁

火麻仁很小，呈綠棕色，有種特殊的味道。它們常和印度大麻混淆，事實上兩者雖屬同種，但卻是完全不同的植物。人工栽種火麻仁的歷史相當久，完整的或去殼販售的都有，但有很長一段時間乏人問津。近年來由於大家了解到火麻仁的營養價值，變得備受歡迎，因此現在很容易買到。

對健康的好處

　　火麻仁含有 9 種必需胺基酸，是一種高蛋白的種子，因此對素食主義者特別有好處。它們所含的 Omega-3 脂肪酸和 Omega-6 脂肪酸的比例也很平衡（1：3）。此外還含有維他命 E。

■ 堅果與種子的購買與儲存

　　天然食品店及熟食店有時會賣散裝的去殼堅果與種子，請務必向生意好、可靠的商家購買，且檢查一下堅果是否新鮮而非庫存貨，同時最好是少量購買，需要用多少買多少。也可以在超市購買塑膠袋裝的堅果，在有效期限內用完。因為堅果含的油脂很高，容易酸敗，所以要放在陰涼的地方，如果空間允許最好冰到冰箱。堅果放在冰箱冷藏，至少可以維持 3 個月，冷凍保存可放 6 個月。一旦開封，就要把堅果放進密封罐（不宜用金屬材質罐）。

　　和大多數堅果不同的是栗子，它是新鮮採收帶殼販售的，而不是乾燥的狀態。栗子的保存期限很短，買回來後應該在 10 天以內吃完。種子類則應該購買看起來光滑而非乾乾皺皺的，挑選芝麻時，則要選擇用機械滾動的天然加工方法製造的，天然的芝麻外表沒有光澤，若看起來很亮，可能經過化學加工。

工具與裝備

製作堅果、種子奶及堅果、種子醬，需要一些專門的配備及果汁機或食物調理機，這樣做起又快又省事。你可能本來就有一些配備了，例如量杯、橡皮刮鏟、篩子（濾網）等等，這些都會讓製做的過程更容易些。以下介紹的是最主要的幾項工具，在百貨公司和廚房用品專賣店都可買到。

■ 果汁機（或食物調理機）

所有的堅果、種子奶及醬都可以用一般的果汁機或食物調理機來製作，不過做出來會有一點細顆粒。如果你想要特別細滑的醬，那就挑選 600 瓦馬力以上可以打碎冰塊的機種（這樣打出的堅果和種子就會很細），以價格昂貴馬力強大的食物調理機維他美仕（Vitamix）為例，因為馬力強，所以能萃取最多量的堅果奶，和做出最綿密的堅果醬。有一點必須謹記的是：當使用這種食物調理機作醬類時，你用的堅果或種子的量要足以蓋過機器裡的刀片，並保持裡面的食材能順利轉動，每次至少約需要 400 克堅果或 300 克的種子。如果你需要的量比這少，那麼選擇小型、馬力強的食物調理機比較適合。可拆卸的刀片會比較容易操作，也比較方便清理。

■ 堅果袋

雖說堅果奶和種子奶不需要過濾，但是如果你想要口感更細滑順口，那麼堅果袋頗值得投資。這種可以重複使用的袋子，有細密的尼龍網眼，通常為漏斗型，方便濾出醬汁。大多附有拉繩，可以把袋子掛起來讓堅果奶滴得很乾淨。雖然堅果袋很耐用，但也不是絕對不會破，所以，使用時可以輕輕擠壓但不要用力拉扯。大部分的堅果袋為了方便清洗，車縫線都在表面。使用過後，徹底清洗袋子，必要時，可用溫肥皂水清洗。清潔劑一定要徹底沖乾淨，然後晾乾。

■ 濾果汁袋或薄棉布（稀鬆的薄棉布）以及篩子

這幾樣東西可以代替堅果袋。濾果汁袋一般是用白布或尼龍製成的，主要用途是作果醬時，把煮熟的水果擠出果汁用的，雖然這種袋子的網眼不如堅果袋細，但織得很緊密。有些濾果汁袋附有座架，方便濾汁。

薄棉布是堅果袋與濾果汁袋之外的另一個選擇：只要在寬口壺（或有柄的大水罐）上放一個篩子，篩子上鋪 2-3 層薄棉布就可以了。篩子最好選擇尼龍、塑膠或不銹鋼材質，因為一般金屬會影響堅果奶的味道。

■ 玻璃壺或有柄的冷水壺

儲存堅果奶或種子奶時，最好使用玻璃壺或有柄的冷水壺，因為放在塑膠壺裡味道很容易受影響。請選擇有蓋子的容器，最好是有螺旋蓋和傾注口，這樣存放時才不會混進冰箱裡其他食物的氣味。

■ 寬口瓶與其他容器

儲存堅果醬時，透明玻璃寬口瓶是最理想的，因為可以清楚看到裡面的東西，但要注意選擇適當的大小和形狀，寬口瓶不管是填裝或取出都方便。大多數堅果醬可以冷藏好幾星期，也可以用耐冷的容器冷凍。

■ 消毒寬口瓶

　　使用寬口瓶之前，請先消毒，以降低微生物汙染食品的風險，尤其是在寬口瓶會重複使用的情況下。最簡便的方法是把瓶子和蓋子都放進洗碗機裡用最高溫清洗和烘乾。或者是放在烤箱或微波爐裡加熱消毒。

用烤箱消毒

　　烤箱的烤盤上先墊一張廚房紙巾，把瓶子相隔一點距離分開立起來，瓶蓋放在瓶子上，然後設定 110℃，烘烤 30 分鐘，待瓶子完全冷卻之後即可裝填。

用微波爐消毒

　　乾淨的寬口瓶裝入半滿的水，放進微波爐，用最大火力加熱，直到水沸騰 1 分鐘，再用隔熱手套拿出來，小心地攪動瓶子裡面的水，再把水倒掉，接著把瓶子倒立在乾淨的抹布上面，排乾水分，再自然風乾。

■ 有刻度的水壺與量匙

製作堅果奶時，需要測量水量，所以有刻度的量杯是必需品。你還需精確的量匙去量其他材料，例如油或各類甜味劑。如果你記下製作堅果、種子奶及醬的比例，那麼下次製作時，就可以根據你的喜好調整。

■ 刮鏟

堅果或種子醬做好時，用有彈性的橡皮或塑膠刮鏟，可以把食物調理機或果汁機裡殘餘的醬刮乾淨，這樣還可避免損壞或刮傷機器的機身。

■ 烤盤與不沾鍋

製作堅果醬、種子醬之前，食材需先用烤箱烤過，這時烤盤就非常重要。請選擇有邊的烤盤，這樣堅果和種子才不容易掉落，同時要品質好、較厚重，可以耐高溫，才不至於變形或達到燃點而起火燃燒。也避免使用深色的烤盤，因容易吸熱，使得堅果和種子更容易烤焦。你也可以用不沾鍋在爐子上烤堅果和種子。

製作堅果奶

　　雖然在商店購買盒裝的堅果奶很方便，但它們含的糖可能比堅果還多，而且含有許多添加物，例如增稠劑、防腐劑及香料等。自製的堅果奶健康又新鮮，未經過加工也沒有添加劑。通常也比市售的便宜，何況你自己可以完全掌握材料的品質、味道、口感和濃淡。

　　一系列的原味堅果奶只需把去殼未調味的生堅果加水打成汁就可以了。像腰果、杏仁果、花生、栗子、椰子、巴西堅果、榛果、夏威夷果、胡桃及開心果，都能打成綿密味美的堅果奶。這些堅果奶可以當飲料喝，也可以拿來做菜，甚至作為其他無奶製品的食材，例如奶油、優格或乳酪。它們也可以用天然食材來調味，或增加甜味，如棗子、龍舌蘭糖或可可。

■ 腰果奶

　　腰果作成的腰果奶，幾乎沒什麼味道，這代表它適合添加其他你喜歡的天然香料（見 52 頁），或是入菜而不會讓味道走樣。由於腰果是比較軟的堅果，所以浸泡時間不需太長，當然如果為了方便，浸泡一整夜也無所謂。

800 毫升腰果奶

　　以下這六步驟適合大部分的原味堅果奶，差別只在於不同堅果所需要浸泡時間不太一樣（見 33 頁）。

材料：
175 克未調味生腰果
750 毫升過濾水，加浸泡過堅果的水
少許海鹽（隨意添加）

1 把腰果放進大的玻璃、陶瓷或不銹鋼碗裡，加水蓋過腰果 2.5 公分（1 吋），最好用過濾水，因為過濾掉雜質才不會破壞堅果奶的風味，不過你也可以使用瓶裝水或自來水。如果你喜歡，可以加一點點海鹽，這樣可以讓堅果更快軟化，但非絕對必要，尤其如果你正進行低鈉飲食。把這碗腰果放在室溫下浸泡 3-6 小時。

2 接著把腰果瀝乾並沖洗，倒進容量至少 1.5 公升（6 又 ¼ 杯）的果汁機中。

3 加進三分之一的水量（250 毫升或 1 杯）到果汁機裡，先按壓幾下開關，把腰果打碎，接著持續打約 1 分鐘，再加進 250 毫升（1 杯）的水，再打 1 分鐘，直到全部打得均勻又綿密。

如維他美仕這種馬力強的調理機，很容易把堅果打成細粉。而若你用的機器馬力不是很強，那麼就需要多打 1-2 分鐘。

4 濾掉沒有完全打碎的堅果碎片，讓口感更細滑。方法是把堅果奶用超細的塑膠或不銹鋼濾網，篩進容器中，若想要更細滑順口，可以在篩子上加一層薄棉布或倒進可重複使用的堅果袋，放在容器上面，讓它濾個幾分鐘，然後輕輕攪動腰果渣，讓水份流得快一點。為了讓堅果奶盡量流出來，還可以把剩下的水慢慢倒進堅果渣裡，再次等它流乾。

5 徹底擠出堅果渣中的堅果奶。待所有的堅果奶都流出來以後，再用乾淨的手

把薄棉布或堅果袋邊角的最後幾滴堅果奶擠出來。剩餘的堅果渣還能作成堅果麵粉（見 60 頁）

6 如果你想當飲料喝，可以放心的直接加冰塊飲用，或者也可以把堅果奶倒進玻璃壺或冷水壺，蓋上蓋子，放進冰箱冷藏。

▲腰果、杏仁、開心果、巴西堅果和澳洲堅果等，各式各樣的堅果都可以製成美味又營養的植物奶。

▲打堅果之前先浸泡，不只可以榨出更多的量，還能釋出堅果中對身體很有益處的酵素。

▲不同的堅果所需的浸泡時間都不相同，要看軟硬的程度而定。

■ 堅果為什麼要先浸泡

雖然沒有經過浸泡的生堅果直接加水也可以打成堅果奶，但是大多數的堅果還是先浸泡比較好 —— 即使只是短短的時間。相較質地硬的堅果，軟的堅果浸泡時間較短，例如腰果、夏威夷果的浸泡時間比杏仁果短。堅果浸泡時會吸收水分而變軟，這樣打出來的堅果奶量就會比未經浸泡直接打的還要多。此外，浸泡過程還有催芽作用，將使對健康有益的酵素成分活化，釋放到堅果奶中。

通常堅果適合在室溫下浸泡，但是如果天氣太熱或浸泡時間超過 12 小時，那麼就可以把浸泡堅果的大碗蓋上保鮮膜，放進冰箱裡冷藏浸泡。

■ 各類堅果所需的浸泡時間

堅果	浸泡時間（小時）	堅果	浸泡時間（小時）
杏仁果	8-24	腰果和夏威夷果	3-6
榛果和花生	6-8	巴西堅果和開心果	1-4
核桃和胡桃	4-6		

■ 堅果奶的儲存及保存期限

　　自製的堅果奶用玻璃壺或冷水壺，蓋上蓋子或覆上保鮮膜，存放冰箱可保存約 3 天。避免使用塑膠或金屬容器，因為這些材質可能讓堅果奶走味。經過 1-2 天，堅果奶可能會油水分離，使用前可以先攪拌。如果沒辦法在 2 天內用完，可以低溫殺菌（巴斯德殺菌法）再冷藏保存。如此可以保存約一個禮拜。低溫殺菌的方法是把堅果奶加熱到沸點以下（譯按：通常為 75℃—90℃）煮 3-4 分鐘，再整鍋快速放進冰塊水中，急速冷卻。不過低溫殺菌會影響風味和破壞部分維他命，所以每次做的堅果奶的份量最好是幾天內就可以喝完。

■ 製作不同濃度的堅果奶

　　自己做堅果奶，可以自己決定喜歡的口感以及濃度，大多數情況，中等稠度的堅果奶最適合，不過你也可以做得更濃郁、更綿密，或是調整堅果和水的比例，做出較稀但經濟實惠的堅果奶。如果你喜歡更厚實的口感，也可以不要過濾堅果奶。

特濃堅果奶

　　適合做卡士達、冰淇淋或味道較重的食品。濃稠的堅果奶在眾多食譜裡可以取代低脂鮮奶油。大約每 750 毫升（3 杯）水加入 225 克堅果，即可打成濃稠堅果奶。

原味堅果奶

　　適合直接飲用，也適合搭配早餐麥片或烹調時代替牛奶類食材。大約每 750 毫升（3 杯）的水加入 175 克堅果，可打成中等濃度堅果奶。

淡香堅果奶

　　最經濟實惠的一種，可以搭配早餐麥片或做奶昔、冰沙的主原料。比例大約是每 750 毫升（3 杯）的水加入 75 克的堅果。

■ 如何讓堅果奶濃稠和乳化

堅果奶放在冰箱過 1-2 天，稍微出現油水分離的現象很正常，你只需在飲用前攪拌一下就可以了。另一個方法是加入卵磷脂之類的天然乳化劑。

卵磷脂

這種米黃色的粉（也有顆粒狀的）是大豆的衍生物，有增稠和乳化的作用，加進堅果奶可以避免油水分離現象，同時可以延長 1-2 天的保存期限。卵磷脂是人體細胞需要的東西，它是肌醇和膽鹼天然的來源，這兩種營養素在人體代謝脂肪時扮演重要的角色。它們可以分解掉低密度脂蛋白膽固醇（LDL）。另有研究聲稱有助於減重，不過這一點尚無定論。

生育醇

生育醇一般又稱作「米糠可溶性蛋白」，它是天然又營養的添加劑，非常適合讓堅果奶增稠。富含維他命 E，並讓堅果奶增加微微的甜味。當堅果奶濾好之後，每 800 毫升可加入 30 毫升（2湯匙）卵磷脂或生育醇（或兩種混合）。

▲堅果奶若已經在冰箱冷藏過幾天，使用前需要快速攪拌幾下。

■ 如何川燙杏仁果

將杏仁果的褐色薄皮去掉的方式，一般叫作「川燙」，這個步驟需在浸泡杏仁果之前進行，因為川燙本身就會開始讓堅果軟化。

1 將杏仁果放進耐熱的大碗裡，倒入可以淹過杏仁果 2.5 公分（1 吋）的沸水，浸泡到水變成微溫，杏仁果已經涼到可以處理的程度。

2 瀝乾杏仁果，再搓掉杏仁果的褐色薄皮，這時應該要很容易剝除。薄皮可以丟棄不用。

■ 杏仁奶

杏仁奶是市面上最受歡迎、銷量最大的堅果奶，它有細滑綿密的口感，又有豐富的營養。淡淡的香味很適合直接飲用、加進早餐麥片或是做菜。又因為它和許多水果很搭配，例如杏子、桃子、覆盆子等，所以特別適合製作水果甜點。杏仁奶加巧克力和咖啡也很搭調。

800 毫升杏仁奶

選購去殼未去皮的杏仁果風味最佳，然後自己川燙去皮再製作，以下配方可以做出中等稠度的純杏仁奶。

材料：
175 克川燙去皮的未調味生杏仁果
750 毫升過濾水加浸泡水

1 把杏仁果放進大的玻璃、陶瓷或不銹鋼碗裡，加水蓋過杏仁果 2.5 公分（1 吋），放在室溫裡至少浸泡 8 小時或放在冰箱冷藏浸泡 24 小時。

2 瀝乾並清洗杏仁果，然後放進果汁機，加入 250 毫升的水，按壓數次開關，將杏仁果打碎，接著連續打 1 分鐘，再加進 250 毫升的水，繼續打 1-3 分鐘，或質地柔滑為止。

3 把杏仁漿倒入掛在玻璃壺、冷水壺或碗上面的堅果袋裡幾分鐘，讓它瀝乾。再倒入剩餘的水，再次等到瀝乾。輕輕的擠壓堅果袋，讓水分徹底流出來。假使沒有堅果袋，用鋪上薄棉布的篩子或濾網過濾也可以。

4 當所有的杏仁奶都濾出以後，用乾淨的手把薄棉布或堅果袋的邊邊角角上最後幾滴杏仁奶擠出來。半濕的杏仁渣可以作成堅果麵粉（見 60 頁）。把完成的杏仁奶倒入玻璃壺或冷水壺中，蓋上蓋子，放進冰箱冷藏，可放 4 天之久。

800 毫升淡香杏仁奶

　　這個配方裡所需的杏仁果比原味的量少，需加一些卵磷脂增加稠度和避免油水分離，你也可以滴幾滴香草精和一點甜味劑進去，增添風味。這款是非常經濟的堅果奶，適合當作奶昔或冰沙的基本原料，也可以加進麥片粥、燕麥脆穀片中食用。

▲你可以依自己的需求和喜好隨意調整杏仁奶的濃淡和風味。

材料：

75 克去殼剝皮未調味的生杏仁果、750 毫升（3 杯）過濾水加浸泡水、30 毫升（2 湯匙）卵磷脂粉、2.5 毫升（½ 茶匙）香草精（隨意添加）、5 毫升（1 茶匙）龍舌蘭糖漿或蜂蜜

1 把去皮的杏仁果放進大的玻璃、陶瓷或不銹鋼碗裡，加水淹過杏仁果 2.5 公分（1 吋），放在室溫裡浸泡至少 8 小時或放在冰箱裡冷藏浸泡 24 小時。

2 瀝乾並清洗杏仁果，放進果汁機，加入 250 毫升（1 杯）水，按壓數次開關，將杏仁果打碎，接著連續打 1 分鐘，再加入 250 毫升（1 杯）水，繼續打 1-3 分鐘，或直到杏仁奶變柔滑為止。

3 把杏仁漿倒入掛在玻璃壺、冷水壺或碗上面的堅果袋裡幾分鐘，讓它瀝乾。慢慢倒入剩餘的水，再次等到瀝乾。最後輕輕的擠壓堅果袋，擠出所有的奶。假使你沒有堅果袋，可以用鋪上細棉布的篩子或濾網去過濾。當所有的杏仁奶都濾出以後，用乾淨的手輕輕地把薄棉布或堅果袋的邊邊角角上最後幾滴奶擠出。剩下的杏仁渣可以作成杏仁果麵粉。

4 把杏仁奶倒入乾淨的果汁機裡，加入卵磷脂及香草精、龍舌蘭糖漿或蜂蜜，然後攪拌，把完成的杏仁奶倒入玻璃壺或冷水壺中，蓋上蓋子，放入冰箱冷藏，可以維持 4 天。

■ 榛果奶

　　榛果奶是少數適合使用輕烘焙而非生堅果的一種。你可以買已烤好完整的或切碎的榛果，不過自己烘烤的味道更香。假如你買的榛果仍帶有薄膜，可以依照下列說明，加以烘烤和去皮，接著再按照食譜步驟 2 去做。如果你買的是已經去掉薄皮的榛果，那麼烘烤的時間可以更短，做出色澤較淡，味道較香的榛果奶。因為榛果的味道會溶進浸泡水裡，所以浸泡過的榛果就不需要瀝乾了。

800 毫升榛果奶

材料：
75 克去皮未調味的生榛果
750 毫升（3 杯）過濾水加浸泡水

1 把榛果平鋪在烤盤上，放入烤箱以 180℃（350 ℉° ）烘烤 7-8 分鐘，烤好以後，應該會呈現淡褐色，發出堅果的香味。烘烤的過程必須很小心，因為榛果烤焦了，味道會變苦。把榛果放涼再倒進碗裡，加水浸泡 6-8 小時。

2 把榛果和一半的浸泡水倒進果汁機裡，按壓開關數次，把榛果打碎，接著持續打 1 分鐘，再加入剩下的浸泡水，打 2-3 分鐘，直到變得順滑為止。

3 把榛果漿倒入掛在玻璃壺、冷水壺或碗上面的堅果袋裡，等它瀝乾。如果沒有堅果袋，可以倒進鋪了細棉布的篩子過濾。

4 當所有的榛果奶都濾出以後，用乾淨的手輕輕地把薄棉布或堅果袋的邊邊角角上最後幾滴榛果奶擠出來。剩下微濕的榛果渣可以作成榛果麵粉（見 60頁），把榛果奶倒進玻璃壺或冷水壺中，蓋上蓋子，放入冰箱冷藏，可以保存 4 天。

■ 榛果的去皮與烘烤

烘烤過的堅果會變得更香、更美味，外皮也會更容易剝除。

1 把榛果平鋪在烤盤上，用烤箱以 180℃（350 ℉）烤 10-12 分鐘或是達到薄膜開始分離、榛果呈金黃色的程度。

2 接著把榛果放涼幾分鐘再倒在乾淨的擦碗巾上，用力把榛果的外皮搓掉。

■ 核桃或胡桃奶

核桃比一般的堅果不甜且有時帶點苦味，浸泡可以去除這種苦味；胡桃類似核桃，但味道稍甜一些。

750 毫升核桃奶

材料：
115 克未調味的生核桃或胡桃
700 毫升（2 又 ¾ 杯）過濾水加浸泡水

1 把核桃放進大的玻璃、陶瓷或不銹鋼碗裡，加水蓋過核桃 2.5 公分（1 吋），放在室溫裡浸泡 4-6 小時，之後瀝乾洗清。

2 按壓幾次果汁機開關，把核桃和三分之一的水，先略攪打幾次，再持續打 1 分鐘後，加入比三分之一更多一點的水，續打 2-3 分鐘，直到順滑為止。

3 把核桃漿倒入掛在碗上面的堅果袋或鋪了薄棉布的篩子裡，讓它瀝乾。再次倒入剩餘的水，讓它瀝乾。

4 用乾淨的手輕輕地把堅果袋或薄棉布的核桃奶輕輕擠出來，丟棄核桃渣。把核桃奶倒入瓶中加蓋，放進冰箱冷藏，可以保存 3 天。

■ 夏威夷果奶

　　富含脂肪又柔軟的夏威夷果不必浸泡就能做出濃郁的堅果奶，不過如果事先浸泡一下，做出的奶量會多一些。

400 毫升夏威夷果奶

材料：

115 克未調味的生夏威夷果
360 毫升（1 又 ½ 杯）過濾水加浸泡水

1　把夏威夷果放進大的玻璃、陶瓷或不銹鋼碗裡，加進淹過夏威夷果2.5公分（1吋）的水量，在室溫下浸泡 3-6 小時。

2　瀝乾夏威夷果後洗淨，放進果汁機裡，加入 250 毫升（1 杯）的水，按壓數次開關，接著連續打 1 分鐘，然後再次打 2-3 分鐘直到順滑。

3　把夏威夷果漿倒入掛在玻璃壺、冷水壺上的堅果袋或鋪上薄棉布的篩子裡，等它瀝乾。接著倒入剩餘的水，再次讓它瀝乾。

4　用乾淨的手輕輕地把堅果袋或薄棉布上殘餘的堅果奶擠出來。把夏威夷果奶倒入瓶中加蓋，放進冰箱冷藏，可以保存三天。

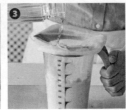

■ 開心果奶

由於開心果價格昂貴，因此最好少量製作或把它當作主要成份即可。不一定需要浸泡，但浸泡過奶量會增加。

400 毫升開心果奶

材料：
115 克未調味的生開心果
350 毫升（1 又 ½ 杯）過濾水加浸泡水

1 把開心果放進玻璃、陶瓷或不銹鋼碗裡，加進淹過開心果 2.5 公分（1 吋）的水量，在室溫下浸泡 1-4 小時，接著瀝乾洗清。

2 用鋒利的小刀除去殘餘的薄膜。在果汁機裡放入開心果與 250 毫升（1 杯）的水，先按壓數次開關，再連續打 1-2 分鐘直到順滑為止。

3 把開心果漿倒入掛在碗、玻璃壺或冷水壺上面的堅果袋或鋪了薄棉布的篩子裡，等它瀝乾。再倒入剩餘的水，讓它瀝乾。

4 用乾淨的手輕輕把堅果袋或薄棉布上殘餘的堅果奶擠出來。開心果渣可以作成極佳的開心果麵粉（見 60 頁）。把開心果奶倒入瓶中，加上蓋子，放冰箱冷藏，可保存 3 天。

■ 巴西堅果奶

　　富含硒的巴西堅果做出的是淡雅綿密的白色堅果奶，巴西堅果最適合和熱帶水果如香蕉、枸杞，一起打成堅果奶。

600 毫升巴西堅果奶

材料：
75 克未調味生的巴西堅果
550 毫升（2 又 ½ 杯）過濾水加浸泡水

1　把巴西堅果放進玻璃、陶瓷或不銹鋼大碗裡，加進淹過巴西堅果 2.5 公分（1 吋）的水，放在室溫裡浸泡 1-4 小時，瀝乾洗清。

2　把巴西堅果與 250 毫升（1 杯）的水放在果汁機裡，按壓開關數次，再加進 250 毫升（1 杯）的水，接著持續打 1-2 分鐘，直到奶漿順滑為止。

3　把巴西堅果漿倒入掛在碗、玻璃壺或冷水壺上的堅果袋或鋪了薄棉布的濾網裡，等它瀝乾。再倒入剩餘的水，讓它瀝乾。

4　用乾淨的手輕輕的把堅果袋或薄棉布上的堅果奶擠出來。保留巴西堅果渣做堅果麵粉。把巴西堅果奶倒入瓶中加上蓋子，放冰箱冷藏，可保存 3 天。

■ 剝除栗子皮的方法

一般處理栗子的方式常用烤箱烘烤，可是在作栗子奶時，最好用水煮的，以保持濕潤。

1 用銳利的小刀切開每顆栗子的圓殼，放入大型平底鍋中，用冷水淹過栗子，煮沸以後持續煮 15 分鐘，關掉爐火，靜置 5 分鐘。

2 用漏勺分批撈起栗子，當冷卻到可以處理時，用銳利的刀子剝掉外殼及裡面毛茸茸的褐色薄皮。一批一批剝，還未處理的留在熱水裡，以保持柔軟。

■ 栗子奶

栗子和其他堅果不同，它含有高澱粉、低脂肪。栗子做出來的堅果奶很濃稠，呈淺棕色，很少堅果渣。做栗子奶最快、最簡便的方法是購買已經剝好、煮熟的真空包，不過你也可以使用新鮮的栗子。

▲低脂的栗子奶有獨特的顏色和風味，並且非常濃稠。

800 毫升栗子奶

材料：
175 克已去皮的熟栗子
750 毫升（3 杯）過濾水

1 把去皮煮熟的栗子切成一半（或是準備 250 克新鮮栗子，照著下面說明的步驟去做）。

2 按壓幾次加了栗子和水的果汁機開關，先把栗子打碎，接著再持續打 2-3 分鐘，直到栗子漿變得順滑。

3 把栗子漿倒入掛在玻璃壺、冷水壺或碗上面的堅果袋，讓它瀝乾。如果沒有堅果袋，可以把栗子漿用鋪了薄棉布的篩子過濾。

4 等奶漿都濾好之後，用乾淨的手輕輕把堅果袋或薄棉布上殘餘的栗子奶擠出來，丟棄栗子渣。將做好的栗子奶倒入瓶中，蓋上蓋子，放進冰箱冷藏，3 天內用完。

製作種子奶和穀類的奶

　　種子類像南瓜子、葵花子及五穀類的燕麥、火麻仁都能成美味又健康的種子奶。大多數種子需要長時間浸泡，可是像火麻仁就不太需要。所以在製作火麻仁類的奶時，只需短短的時間，即可使用。

■ 葵花子或南瓜子奶

葵花子和南瓜子含有蛋白質、維他命和礦物質，並且脂肪含量很高，因此可以做出綿密濃郁的種子奶。種子奶比堅果奶更容易氧化，因此作好時，在兩天內吃完，才能得到最好的營養。

▲種子通常比堅果便宜，可是同樣能做出營養美味的奶。

400 毫升葵花子奶

材料：
75 克葵花子或南瓜子
350 毫升（1 又 ½ 杯）過濾水加浸泡水

1 把葵花子放進碗裡，加水淹過葵花子 2.5 公分（1 吋），在室溫下至少浸泡 8 小時，或放進冰箱冷藏浸泡 14 小時。

2 把葵花子瀝乾和洗清，然後放進果汁機，加入 300 毫升（1 又 ¼ 杯）過濾水，先按壓幾次開關，把葵花子打碎，然後持續打 2-3 分鐘或直到順滑。

3 把葵花子漿倒入掛在玻璃壺、冷水壺或碗上面的堅果袋裡幾分鐘，讓它瀝乾。等葵花子漿全濾完了，再倒入剩餘的水，再次等它瀝乾。如果沒有堅果袋，可以用鋪上薄棉布的篩子或濾網過濾。

4 當所有的葵花子奶都濾出以後，用乾淨的手輕輕把堅果袋或薄棉布的邊邊角角上殘留的最後幾滴奶擠出來。微溼的葵花子渣可以作成種子麵粉（見 60 頁）。把葵花子奶加上蓋子，存放在冰箱裡，兩天內用完。葵花子奶在 24 小時內喝完最理想，南瓜子奶則可以維持 2 天的鮮度。

■ 火麻仁奶

火麻仁具備完整的九種必需胺基酸，是極佳的蛋白質來源，所以火麻仁奶對素食者特別有益處。火麻仁的用量不要超過本書的建議量，否則做將有苦澀的口感。

500 毫升火麻仁奶

材料：
50 克火麻仁
475 毫升（2 杯）過濾水

1 把火麻仁和水倒進果汁機，按壓數次開關，先把火麻仁打碎，接著持續打 2-3 分鐘或直到火麻仁已經順滑。

2 把火麻仁漿倒入掛在玻璃壺、冷水壺或碗上面的堅果袋，等它瀝乾。如果沒有堅果袋，可以用鋪上薄棉布的篩子代替。

3 當火麻仁奶都濾出來以後，用乾淨的手輕輕把堅果袋或薄棉布的邊邊角角上最後幾滴奶擠出來。

4 丟棄堅果袋或薄棉布上剩下的火麻仁渣（應該所剩不多）。火麻仁奶蓋上可以冷藏 3 天。

  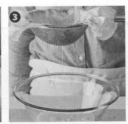 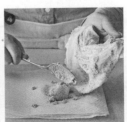

■ 燕麥奶

　　自製燕麥奶簡單又便宜，不過味道有點單調，而且如果不加點卵磷脂之類的乳化劑，很快就會有沈澱現象。

800 毫升燕麥奶

材料：
90 克大燕麥片
750 毫升（3 杯）過濾水加浸泡水
少許海鹽（隨意添加）
5 毫升（1 茶匙）龍舌蘭糖漿或蜂蜜（隨意添加）
2.5 毫升（½ 茶匙）香草精（隨意添加）
15 毫升（1 湯匙）粉狀卵磷脂（隨意添加）

1 把燕麥和可以淹過燕麥 2.5 公分（1 吋）的冷水倒進碗裡，浸泡 15 分鐘，然後瀝乾，再用冷自來水沖洗（這個步驟很重要，否則燕麥奶會呈黏糊狀），洗好後再次瀝乾。

2 把燕麥和水放進果汁機，浸泡 5 分鐘，先打 2 分鐘，直到順滑。然後倒入鋪了薄棉布的細篩，濾進碗或玻璃壺或冷水壺中，再輕輕攪拌。

3 如果想加香料、甜味劑或乳化劑，可以把燕麥奶倒回清洗過的果汁機，連同調味料打 1 分鐘即可。放進冰箱冷藏，可以保存 5 天。由於燕麥奶會變濃，因此使用前要先攪拌。

製作椰奶和椰子系列食品

椰奶是先把椰肉浸泡在熱水中，放涼，再擠，接著濾掉固體殘渣而成，它有綿密濃郁的口感，顏色也因含有高脂肪而看起來很像牛奶。椰子奶油則是浮在椰奶上面那層厚厚的油脂。另外濃縮椰漿則是固體狀，煮菜時可以融進菜餚裡或是作椰奶用。

■ 椰奶和椰子奶油

你可以買到兩種椰奶：「濃」的椰奶是果肉直接磨碎過濾而成，而「稀」的椰奶是已擠過椰奶的果肉再用熱水浸泡 1-2 次，然後過濾出來的。你也可以使用新鮮椰子水，但這種方式並不常見。下列的方法可以做出濃淡兩種椰奶及椰子奶油，它們都可以當作無奶料理的材料。完成後剩下的椰奶渣還可以作成椰子麵粉。

1 把成熟椰子的果實取出來，削掉褐色的皮，把裡面的果肉切碎，放進食物調理機，倒入 150 毫升（⅔ 杯）接近沸騰的水，打至完全順滑，放涼 5 分鐘，再次攪打幾秒鐘。

2 把打好的椰漿倒入掛在玻璃、陶瓷或塑膠碗上（椰子遇金屬會起反應）鋪了薄棉布或乾淨擦碗巾的篩子裡，等它瀝乾。再把薄棉布或擦碗巾邊邊角角裡殘餘的椰奶擠出來。

3 把椰奶靜置 30 分鐘，椰子奶油會浮到最上層，可以用湯匙舀出來。浸泡、擠壓的程序可以重複數次，做出更多的椰奶（只是後面的較稀）。一顆椰子大約可以做出 250 毫升（1 杯）椰奶和椰子奶油。

■ 濃縮椰漿

濃縮椰漿是將成熟椰子未調味脫水的果肉打成糊狀，再去壓榨而成的，以小塊狀固體販售，請不要和椰子奶油混淆了，椰子奶油是濃縮的液體。濃縮椰漿有強烈的味道，可以在常溫下保存，使用時可以磨碎或切碎，遇熱會融化，把濃縮椰漿放進熱水裡攪拌，就會變成椰奶而非椰子奶油。市面上有袋裝的濃縮椰漿出售，最常見的是 50 克（2 盎司）的小袋裝，使用時，可以把未開封的濃縮椰漿整袋浸到滾燙的熱水中，直到融化。

■ 處理成熟椰子的方法

要剖開成熟的椰子需要相當的技巧，所以操作時務必非常小心，同時確保空間夠大。

1 必要時先去除掉椰子外殼的棕毛，接著把椰子放進已預熱的烤箱，用 180℃（350 ℉）烤 15 分鐘。之後放涼到可以處理的溫度。

2 先把椰子放進可以穩住直立椰子的大碗裡，再取出椰汁。可以用乾淨的鑽子、螺絲起子或刀子小心在椰子的頂部兩個「眼」上戳洞，再把椰子翻轉過來，讓椰汁流進底下的碗。使用前可以過濾。

3 把椰子放在厚毛巾上固定，用厚一點的刀子或菜刀刀背（不是刀鋒）穩穩地敲椰子殼的四周，直到椰子殼裂開，或是把椰子放進乾淨牢固的塑膠袋裡，拿到室外，用槌子敲打椰殼四周。

4 用厚重的刀子向外削，把椰殼削掉拿出果肉，接著可以用削蔬果的刀去除棕色的皮，即可看到白色的果肉。

■ 椰子鮮奶油

不同於牛奶製的鮮奶油，因為含脂量高只能吃小小的一份，椰子鮮奶油的含脂肪量很低。椰子鮮奶油的口感比堅果奶還要順滑，因此更適合用來製做甜點，例如可可、杏仁和覆盆子蛋糕卷。在搭配新鮮莓果類時，椰子鮮奶油也是牛奶鮮奶油極佳的替代品。

罐頭的椰子奶油不太適合做椰子鮮奶油，所以請直接從椰奶最上層挖取椰子奶油，方法如下列步驟：

150 毫升椰子鮮奶油

材料：
400 毫升（14 盎司）罐裝全脂椰奶，冷藏一個晚上。
5 毫升（1 茶匙）香草精

1 將椰奶放進冰箱冷藏幾小時或放一夜。小心打開罐頭，椰子奶油會浮在上面，用湯匙挖出椰子奶油，放進玻璃碗裡（玻璃碗最好先冷藏過），留下水狀的椰奶做其他點心。

2 把香草精加進椰子奶油裡，用電動攪拌機攪拌幾分鐘，直到奶油變成鬆軟且堆成尖狀。

3 可以立即享用椰子鮮奶油，也可以用碗盛裝，覆上保鮮膜，放冰箱冷藏，可以保存 2-3 天。

堅果奶與種子奶的混搭、調味與使用

　　堅果奶與種子奶都很適合飲用，此外，還可以加進各種材料或香料。它們還可以代替烹調用的牛奶製品，或是作無奶優格，也可以取代乳酪。瀝過奶的堅果或種子渣還可以製成極佳的堅果麵粉和種子麵粉。

■ 堅果奶與種子奶的各式混搭

　　數種不同的堅果和種子可以一起浸泡，不過有些類別需要長時間浸泡，浸泡的水量也不相同，全看堅果與種子的比例而定，可參照下列說明操作。一開始水最好不要加太多，有需要時再加水稀釋。堅果與種子不同的配方有不同的功用，你可視需要來做選擇。

1　例如要得到種類豐富的維他命、礦物質及其他微量礦物質，你可以加進富含維他命 E 的核桃，或加入巴西堅果，它是硒的極佳來源。

2　你若想要味道香一點的奶，可以把火麻仁奶加進味道淡的奶中，例如葵花子奶。

3　有些奶特別適合搭配在一起：像巴西堅果和椰子奶混合變成美味的熱帶水果冰沙，而夏威夷果奶則可以讓味道淡的奶增添濃郁綿密的口感，例如葵花子奶等。

4　若想讓堅果奶多一點變化，還可以混合一些燕麥奶（杏仁加燕麥就是很受歡迎的配方），或是加入一點價格便宜的花生奶。想製作花生奶的話，可以按照 30 頁中腰果奶的配方，把腰果換成等量未烘烤、調味、已去衣的花生即可，不過花生浸泡的時間約需 6-8 小時。

▲價格廉宜的燕麥奶可以和其他堅果奶混合。

■ 堅果奶與種子奶的調味

　　配方奶中可以加進各式各樣的調味料。有些可以和堅果一起浸泡，有些則是最後才加進成品中。

可可豆或可可粉

　　可可或可可粉和所有的堅果、種子奶都很搭配。加進榛果奶尤其適合，可可豆和不加糖的可可粉其實是同類的東西，不過可可粉特別指的是無糖、低溫製作而成的。每250毫升（1杯）的堅果奶或種子奶，加入 10-15 毫升（2 茶匙至 1 湯匙）的可可或可可粉，在混合攪拌之前或之後加入都可以。如果喜歡的話，在操做的同時還可以加進一些香草精。甜度也可以按個人喜好來調配。

▲可可及未加糖的可可粉能增添香濃的巧克力味。

角豆莢粉

　　這是由長青的角豆樹豆莢烘烤研磨而成，角豆樹莢含有很甜的果肉及堅硬的褐色種子，角豆莢的味道和巧克力很類似，但不含咖啡因，脂肪量約也只有可可粉的一半。角豆莢粉的用量和可可、可可粉一樣，可是由於它比較甜，所以糖或增甜劑可以少加一點。

新鮮果汁

　　製作堅果奶時，果汁可以代替過濾水使用，你可以試試蘋果汁加杏仁；梨子或蔓越莓汁加核桃；以及柳橙或石榴汁搭腰果或巴西堅果。

水果乾

試試水果乾和堅果一起浸泡，風味絕佳。杏桃乾、桃子乾跟杏仁奶很搭，其他熱帶水果，例如鳳梨和巴西堅果、椰奶也很對味。這類配方只需加一點點甜味劑，甚至根本不用。

香料

熱性香料，例如肉桂和薑，可以為堅果奶或種子奶增添美味的香氣。而像薑黃則以抗發炎的特性聞名。每750毫升（3杯）堅果或種子奶可加入大約2.5毫升（½茶匙）香料粉。或者把新鮮的嫩薑片或醃薑片及少許醃薑汁加進果汁機。

▲杏桃乾可以給堅果奶及種子奶增添香甜的風味。

在過濾之前先讓調製的奶靜置幾分鐘，以使香料的味道能釋放出來。添加香料的奶需要加甜味劑才能使香料的香味更順口。

香草

香草和所有的堅果奶、種子奶都很搭配。你可以直接把香草精滴進成品中提味。若想要更濃郁的香味，可以在750毫升（3杯）的奶中加入5-10毫升（1-2茶匙）香草精或1.5毫升（¼茶匙）純香草莢醬。且要在剛濾好奶時加入，但如果不想看到香草黑色的小點點，可以把香草加進奶中，用果汁機打一下，靜置幾分鐘再過濾。

鹽

少許的鹽會讓堅果奶及種子奶的調味更加平衡，帶出天然的滋味。鹽可以在浸泡堅果奶時加入，也可在使用果汁機時添加，但如果你有高血壓或必須注意鈉的攝取量時，就不要加鹽。

■ 超級食品的配方

下列食品都可以加進 250 毫升（1 杯）的堅果奶或種子奶中。

枸杞

把 30 毫升（2 湯匙）乾枸杞加入堅果奶中，浸泡 2-3 分鐘，然後用果汁機打到順滑。枸杞又叫「西方雪果」，富含維他命 A，能提升免疫力，並對心臟、血液循環有助益。

巴西莓

把 5 毫升（1 茶匙）巴西莓粉加進堅果奶中，用果汁機打 1 分鐘，這個配方含豐富的抗氧化劑，還可能對減重有所幫助。

奇亞籽

將這種小小的黑色種子撒進堅果奶中，用果汁機打幾下，靜置 3-5 分鐘，然後再打 5 秒左右，這種小小黏黏的種子富含 Omega-3 脂肪酸和 Omega-6 脂肪酸，這兩者是維持心臟和腦部健康的重要成份。

■ 為堅果奶和種子奶增加甜味

　　本書大多數的堅果奶和種子奶食譜都是不甜的，所以可以在製作甜或鹹的點心時使用，不過若拿來直接飲用，你可能會喜歡有一點甜味。你可以使用各式各樣天然的甜味劑，或是摻一般的細砂糖（非常細）、紅糖或黑糖，這些糖在奶中很快就會溶化。請記住：顏色深的糖會影響奶的顏色，儘量買有機的產品，同時用量不要太多。一般 800 毫升（3 又¼杯）的堅果奶或種子奶加 5-10 毫升（1-2 茶匙）就夠了。

龍舌蘭糖漿

　　龍舌蘭糖漿也稱作「龍舌蘭蜜」，這種金黃色糖漿的升糖指數（GI）很低，是直接從龍舌蘭草提取的天然果糖甜味劑。

椰糖和椰糖漿

　　椰糖有時也稱作「結晶椰蜜」，椰糖微甜，吃起來和看起來都很像紅糖，但帶有一點焦糖的味道，它的升糖指數很低，含有豐富的礦物質，有結晶狀、塊狀或液狀。椰糖是用椰子花蕾和花朵的汁液煮成的濃糖漿。椰糖漿還可以進一步乾燥，作成塊狀或冰糖形態。

▲椰糖的升糖指數很低。

棗子

　　棗子是堅果奶常用的增甜劑，因為它有天然的甜味，同時可以讓堅果奶濃稠又不易分離沈澱，它還含有非常多種營養素，包括鉀及維他命 B 群，質地柔軟的加州蜜棗尤其適合（加入蜜棗時記得檢查和除去果核）。如果你用的是乾的棗子，就在最後 30 分鐘加進堅果的浸泡碗裡。每 800 毫升

▲棗子能增加堅果奶的甜度和濃稠度。

（3 又¼ 杯）的堅果奶可加 2-3 顆棗子。

蜂蜜

　　蜂蜜會因為季節、產地的不同而有不同的色
澤、濃度和香味。大多數堅果奶和種子奶，適合
採用透明的混合蜜，不過若遇到味道平淡的奶，
例如腰果奶則可加入味道濃一點的蜜，例如石南
花、薰衣草或麥蘆卡蜜就很可口。

楓糖漿

　　從北美楓樹樹汁煮出來的楓糖漿，呈現紅褐

▲蜂蜜可以提供各種風味。

色的色澤，有順滑、濃郁的口感。有些便宜的楓糖漿是加進玉米糖漿或豆角糖
漿混合的，因此購買時請仔細查看標籤。

甜菊

　　甜菊糖是不含卡路里的代糖，呈白色粉末狀或細顆粒狀，它是從甜菊葉提取
的，甜度約為一般蔗糖的 30 倍。使用時用量要少一點，否則後勁會有一點苦味。

製作不含牛奶的食材

　　可以代替奶製品的堅果奶優格和堅果奶乳酪，能直接食用，也可以在許多
食譜中代替奶類的成分。

■ 堅果奶優格

　　這種優格不像牛奶優格自然會有黏稠度，所以必須加玉米粉。另外還必需
加一點糖或龍舌蘭糖漿或楓糖漿，以餵養益生菌。當堅果奶優格完成時，甜味
就會消失。不可以加蜂蜜，因為蜂蜜有抗菌作用，很可能會殺死益生菌。堅果

奶優格製作完成時，才可以加甜味劑或香料。

475 毫升堅果奶優格

材料：

10 毫升（2 茶匙）玉米麵粉
7.5 毫升（1 又 ½ 茶匙）細砂糖（極細的糖）或龍舌蘭糖漿或楓糖漿
475 毫升（2 杯）剛做好新鮮的堅果奶
2 粒蔬食益生菌膠囊（乳酸菌 40 毫克）或 1 包非奶類優格菌粉

1 把玉米麵粉、糖倒進鍋子，跟 30 毫升（2 湯匙）堅果奶一起攪拌，直到順滑，
然後再把剩餘的堅果奶加進去拌一拌，用火煮開後，轉小火煮 1 分鐘，繼續
攪拌直到稍微濃稠。關掉爐火，放涼（把整個鍋子浸在冷水裡，會加快冷卻
的速度）至 32℃（90 ℉）。在這期間偶爾攪動一下。

2 打開益生菌膠囊，把粉末撒進微溫的堅果（或加入一包優格菌粉，按照包裝
上的說明操作），攪拌均勻。

3 把調好的堅果奶優格原料倒進優格機或消毒過且放涼的瓶子裡，靜置 8-10 小
時。經過 8 小時後，優格會有淡淡的味道，如果你喜歡更重的味道，可以放
更久一點。完成時，把它倒進碗裡，覆上蓋子，放進冰箱冷藏。在冷藏的期
間，優格奶還會變得更稠。堅果奶優格需在三天內用完。

4 如果想要更濃的堅果奶優格，可以在冷藏後過濾一遍。方法是在碗的上面掛
一個能裝得下所有優格的濾網，塑膠或不銹鋼製的皆可。上面鋪一層細棉布，
把優格倒在細棉布上，瀝 1-2 小時，優格較稀的部分都會濾掉，只剩濃稠的優
格。丟棄那些濾出的水，將優格裝進碗裡，加上蓋子，放冰箱冷藏，隨時取用。

■ 杏仁奶乳酪

　　這種淡而綿密的乳酪，作法和杏仁奶是一樣的，不過在這裡是用杏仁渣作乳酪的基底。打杏仁時需要的水比打杏仁奶少得多，杏仁渣裡還保留一些綿密的杏仁奶。

　　乳酪剛做好時，會有一股刺鼻的檸檬味，但是經過 24 小時後，乳酪變得更醇厚，那股味道也幾乎不見了。

375 克杏仁奶乳酪

材料：
175 克未調味、去皮的生杏仁
175 毫升（¾ 杯）過濾水加浸泡水
45 毫升（3 湯匙）現榨的檸檬汁
45 毫升（3 湯匙）橄欖油
鹽與白胡椒粉（隨意添加）

1　把杏仁果放進碗裡，倒進可以淹過杏仁果 2.5 公分（1 吋）的水量，放在室溫下浸泡 2 小時，然後瀝乾洗清，再把杏仁果放回碗裡，倒進過濾水，覆上蓋子，放冰箱裡浸泡 24 小時。

2　把杏仁果和水放進果汁機或食物調理機（注意必需淹過刀片，否則無法打得很細），按壓幾次果汁機或調理機開關，把杏仁果打碎，然後持續打 3-4 分鐘，直到非常細滑，把杏仁漿倒進掛在碗上的堅果袋，瀝 5 分鐘，這時杏仁渣應該還含很多水分。把這些杏仁渣換到另一個碗。

3　把檸檬汁和橄欖油、鹽、胡椒粉混在一起拌一拌，拌好後，加進杏仁渣，這時杏仁渣應該還很柔軟但已經可以塑形。假使太乾了，可以加一點之前濾出的杏仁奶，一起攪拌。剩下的杏仁奶可以稀釋，另作其他用途。

4 把杏仁渣壓成約 5 公分（2 吋）高的扁圓形，再放進鋪了烘焙紙的烤盤上，放進冷的烤箱，溫度調到 150℃（300 ℉）烤 25-30 分鐘，或烤至表層已乾，顏色稍微變深，這時形成的硬皮可以讓乳酪保持新鮮，等乳酪降溫後，再裝到盤子上，覆上蓋子，先冷藏 24 小時後才取用，5 天內吃完。

■ 堅果麵粉

在堅果奶過濾之後，堅果袋或細棉布會留下濕濕的堅果渣，渣的多寡全看堅果的種類及研磨的粗細而定。這些堅果渣可以加以乾燥，作成堅果「麵粉」。

堅果麵粉不含麩質且比一般麵粉含更多的纖維質，以同樣容量來比較，也比麵粉輕得多。由於它含可消化的醣類很少，所以不會影響血糖的水平，因此對需要注意醣類攝取量的糖尿病患及糖尿病前期的人是非常理想的食物。堅果麵粉對乳糜瀉的患者也很適合。這種堅果麵粉和堅果磨成的細粉是不一樣的，雖然用量少時，以堅果粉做為替代品影響不大。不過事實上堅果麵粉的含脂量比研磨堅果粉低，味道也比較淡。

製作堅果麵粉

有些堅果比較適合作堅果麵粉，像川燙過的杏仁果、腰果及夏威夷果，都能做出看起來是白色的極佳的麵粉。沒有去皮的杏仁果和榛果也可以作成堅果麵粉，只是顏色會稍深一點（沒有去皮的杏仁果做出來的麵粉含有斑點），你也可以用同樣的方法製作椰子麵粉。

作法：

1 將烤箱設定為 110℃（220 ℉）預熱，在烤盤上鋪一張烘焙紙（不要用鋁箔），將堅果渣鋪在烘焙紙上，鋪成薄而平均的一層，並用叉子把結塊的堅果渣打散。

2 烤 15 分鐘，然後把烤盤拿出來，用叉子攪拌，再次攤平烘烤 10-15 分鐘或直到完全乾燥。請注意即使溫度不高，堅果渣也可能燃燒，所以在烘烤期間的後段要常常查看。

3 把烤盤從烤箱拿出來放到完全冷卻，再放進食物調理機打 3-4 分鐘或變成非常細的粉末。將做好的堅果麵粉用密封罐裝起來，在室溫下可以放幾個禮拜，放冰箱冷藏可以維持 2 個月，冷凍則可放到 6 個月。

■ 如何使用堅果麵粉

糕餅、點心

每 115 克中筋麵粉，其中的 25 克用堅果麵粉取代。做餅乾、蛋糕、瑪芬類的話，堅果麵粉的比例可以更高，因為堅果麵粉會帶來更厚實，更有嚼勁的口感。

奶酥

部分或全部都可使用堅果麵粉。杏仁麵粉和桃子、杏桃非常搭配，榛果麵粉則特別適合加進蘋果、梨子、李子等。

麵衣

在做雞柳、魚柳沾蛋汁的外皮時，堅果麵粉可以當作無麩質的麵粉來使用，或是烘烤或油炸食材時使用，可以形成酥脆的外皮。

■ 如何使用椰子麵粉

椰子麵粉有特殊的椰子香味，它會吸收大量的水分，所以在烘焙時必須加進和椰子麵粉等量的水，也因為它不含麩質，你還必須加一些增加黏度的東西，例如蛋或是蜂蜜、楓糖漿等甜味劑。你可以遵照特別以椰子麵粉做料理的烘焙食譜，也可以將穀類麵粉的 10-30％替換成椰子麵粉，再加入更多蛋與水份來調和。椰子麵粉也可以用來增加醬汁及肉醬的濃稠度。

製作堅果醬

　　市售的堅果醬都添加了糖、鹽及防腐劑等，自製的堅果醬總是比較健康。此外，你還可以決定是要順滑、硬脆或是介於這兩者之間的口感。大多數堅果醬都是由單一一種堅果作成的，當你熟悉堅果醬的基本作法後，你就可以自由搭配你喜歡的配方。如果你有馬力很強的食物調理機，你可以單用堅果打成堅果醬；如果你的機器馬力不是很強或者你喜歡軟一點的堅果醬，那麼可以加一點點油，例如：花生油或任何味道較不明顯的油，像葵花子油。

■ 花生醬

　　富含蛋白質與香氣的花生醬自上市以來，受歡迎的程度至今仍歷久不衰，是許多國家人們早餐的主食。不論你喜歡柔滑一點或帶有鬆脆顆粒，都能輕鬆自製。

450 克柔滑花生醬

　　這是由未經調味和烘烤的花生直接打到順滑作成的花生醬，它也是最單純的，很適合採取「生機飲食」的人食用。這樣的花生醬顏色和味道比市面上賣的淡，如果你想增加甜味，可以加紅糖，或是加蜂蜜、龍舌蘭糖漿或楓糖漿等液體的糖，讓花生醬更軟一些。

材料：
450 克未調味的生花生
1.5 毫升（¼ 茶匙）鹽（隨意添加）
5-10 毫升（1-2 茶匙）蜂蜜、龍舌蘭或楓糖漿（隨意添加）
5-10 毫升（1-2 茶匙）花生或葵花子油（隨意添加）

1 把花生放進食物調理機或果汁機。依個人喜好撒鹽，按壓幾次開關，先把花生打碎，接著持續打 1 分鐘或直到花生磨得很碎。

▲絲滑的花生醬是很受歡迎的點心。

2 用橡膠刮鏟把調理機內壁的花生醬刮下來，這時可隨意添加進糖或甜味劑。要是你沒有馬力強的果汁機或食物調理機，可以加 5 毫升（1 茶匙）的油，因為油可以軟化堅果，打起來會更順滑。持續打 2-3 分鐘，直到花生醬變成一團糊狀，再次把調理機內壁的花生醬刮下來。注意避免機器過熱，必要時可以中途暫停。

3 再打 2-3 分鐘，起初花生醬會變濃稠，但是漸漸的會愈來愈順滑綿密，開始順著調理機的刀片流下來，如果你選擇加油的作法，這時可以把剩下的油加進去。

4 再打 1 分鐘或直到自己喜歡的稠度，果汁機或食物調理機馬達的溫度會讓花生醬質地稍軟一些，因此請記住，當花生醬冷卻後會再黏稠一點。

5 用橡皮剷把花生醬剷出來，裝到乾淨的容器或消毒過的寬口瓶。

6 花生醬放冰箱可冷藏 4 星期（自製的醬不含防腐劑，所以保存期限沒辦法像市面上販售的商品那麼長）如果想要延長保存期限，可以把花生醬移到耐冷容器中，冷凍可以保存 3 個月。

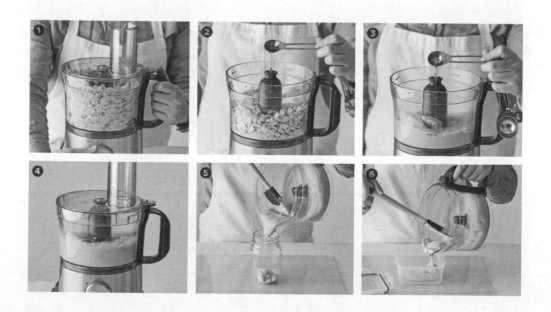

■ 花生的去皮與烘烤

雖然市面上可以買到已去皮未調味的生花生，但是有些商店只賣仍帶著紅棕色外皮的花生，你當然可以連皮一起製作花生醬，（加花生皮會多些纖維，還會有紅色的斑點）。如果你想去掉花生皮，下面有兩種簡單的方法：

1 把花生分散鋪在烤盤上，烤箱設定180℃（350℉）烘烤3-4分鐘或直到花生皮開始脫落（如果你想順便烘烤花生可以再多烤2-3分鐘。這個程序會讓花生的香氣更濃），把烤得熱熱的花生倒在乾淨的擦碗巾上，用力搓掉花生皮，把剝好的花生挑出來，花生皮丟掉即可。

2 如果你不想用烘烤的方式，那麼可以把花生放進冰箱冷凍4小時以上甚至一夜。然後一次拿出一把花生，用乾淨的擦碗巾用力搓，大部份的外皮就會脫落，你可以分批操作，把花生皮去掉。

450 克鬆脆花生醬

經過烘烤的花生會釋出油脂，所以製作起來比未烘烤的花生更快也更容易。味道與口感也更香、更綿密。

材料：
450 克未調味的生花生
1.5 毫升（¼ 茶匙）鹽（隨意添加）
5-10 毫升（1-2 茶匙）蜂蜜、龍舌蘭或楓糖漿（隨意添加）
5-10 毫升（1-2 茶匙）花生或葵花油（隨意添加）

1 把烤箱加熱到 180℃（350 ℉），把花生平鋪在烤盤上，烘烤 5-6 分鐘使花生呈現淡金黃色及散發出香氣。要特別留意，因為花生很容易烤焦，產生苦味。

2 把花生從烤箱拿出來，在烤盤上靜置2-3分鐘，接著預留115克已烤好的花生，剩餘的則放進食物調理機或果汁機，若想加鹽，這時可以撒進去，按幾下食物調理機的開關，把花生打碎，然後連續打 1 分鐘或直到磨得很細。

3 用橡膠鏟子把調理機內壁的花生醬刮下來，這時可加進蜂蜜、龍舌蘭或楓糖漿，如果你沒有馬力強的調理機或果汁機，可以加進 5 毫升（1 茶匙）的油。續打 1-2 分鐘，直到花生醬變成一團糊狀。

4 再次括下機器內壁的花生醬打 1-2 分鐘，在這個階段可以加進剩下的油，續打 1 分鐘直到順滑，接著加入預留的花生，按下開關打成粗粒狀（若是希望顆粒均勻，那麼可以手工切碎，再倒進去拌勻）。把花生醬裝進乾淨或消毒過的容器，放冰箱冷藏可保存 4 星期；冷凍可保存 3 個月。

■ 其他堅果醬

　　雖然花生醬是堅果醬中最為人熟悉的，但其實各類去殼的堅果都能作成堅果醬，製做的時間長短及成品的口感取決於你使用的機器類型及堅果本身含油量的多寡。請注意用食物調理機打堅果時，堅果會變得相當燙，所以為了避免燙傷，在品嘗及倒出之前，務必先放涼。同時如果你使用的機器馬力不強，那麼中途要停頓幾次，以免馬達過熱。

杏仁酸辣醬

　　可以搭配油炸和燒烤類點心，或是作為印度炸圓麵包片的沾醬。

材料：

50 克去皮未調味的生杏仁
1 條新鮮綠辣椒，切碎（可以除去種子）
1 小瓣蒜瓣
1 公分（½ 吋）的生薑，切碎
15 毫升（1 湯匙）新鮮香菜
30 毫升（2 湯匙）新鮮薄荷葉
2.5 毫升（½ 茶匙）鹽
5 毫升（1 茶匙）糖
15 毫升（1 湯匙）檸檬汁

1 把杏仁浸在 175 毫升（¾ 杯）滾水中 20 分鐘。

2 把杏仁連同浸泡水放進食物調理機，加入其他材料一起打至順滑即成，再倒入碗中，覆上保鮮膜，放冰箱冷藏。

400 克杏仁醬

　　杏仁醬是愈來愈受歡迎的一種堅果醬。杏仁果很硬，所以杏仁醬製做的時間比其他的堅果要長，如果你使用的是一般的食物調理機，那麼先用烤箱烤幾分鐘，讓杏仁軟化並釋放　些油脂。（若你用的是馬力強的調理機，則可省掉這道程序）又如果你用的是川燙過的杏仁（見 36 頁），那麼做出來的杏仁醬會呈奶油色，帶皮的杏仁醬顏色會深一些，並有一些斑點。

材料：
400 克未調味的生杏仁
1 小撮鹽（隨意添加）
5-10 毫升（1-2 茶匙）蜂蜜，龍舌蘭或楓糖漿（隨意添加）
5-10 毫升（1-2 茶匙）杏仁油或葵花油（隨意添加）

1　把杏仁平鋪在烤盤上，放進冷的烤箱，再設定 150℃（300 ℉），烤 4-5 分鐘，直到杏仁都熱了為止。

2　把杏仁從烤箱中取出，放進食物調理機，若想加鹽，就撒一點進去，打 1-2 分鐘，直到杏仁磨得很細。用橡膠鏟刮下調理機內壁的杏仁醬，如果想加甜味劑和油，這時可以各加 5 毫升（1 茶匙）進去。打幾分鐘或直到杏仁醬變成一團糊狀為止，再次把機器內壁的杏仁醬刮下來。

3　如果選擇加油的作法，這時再加進另外 5 毫升（1 茶匙）的油，繼續打 2-15 分鐘，直到順滑綿密為止，調理機的熱度會讓杏仁軟化容易調理，而若使用的是馬力較小的機器，要小心別讓馬達燒壞，必要時就要暫停。

4　把完成的杏仁醬放進乾淨的容器或消毒過的寬口瓶，放冰箱冷藏可以保存 4 星期。

400 克腰果醬

你可以用未經烘烤的生腰果作腰果醬，但是如果先烤過，味道會更香，腰果比花生或杏仁軟得多，因此打起來更快，而且比其他自製的各類堅果醬都要細滑。

▲生腰果做出來的腰果醬會特別柔滑。

材料：

400 克未烘烤的生腰果
1 小撮鹽（隨意添加）
5-10 毫升（1-2 茶匙）蜂蜜、龍舌蘭或楓糖漿（隨意添加）
5-10 毫升（1-2 茶匙）杏仁或葵花油（隨意添加）

1 將烤箱以 180℃（350℉）預熱，把腰果平鋪在烤盤上，烘烤 5-6 分鐘，或直到變成淡金色，請小心不要讓腰果燒起來。

2 把腰果連同烤盤拿出來放涼 2-3 分鐘（非常熱的堅果有可能會損害你的機器），接著把腰果放進食物調理機，如果想加鹽，可以在這時候撒進去，繼續打 1-2 分鐘或直到磨得很細。

3 用橡皮鏟子把調理機內壁的醬刮下來，如果想加甜味劑或油，這時可把甜味劑全加入，並加進 5 毫升（1 茶匙）的油，繼續打幾分鐘直到腰果醬變成一團糊狀，再刮下調理機內壁的腰果醬。

4 如果有加油，這時可把剩下的 5 毫升（1 茶匙）加進去，續打至順滑綿密，必要時再把調理機內壁的腰果醬刮下來。將完成的腰果醬裝進乾淨的容器或消毒過的寬口瓶裡，放在陰涼的地方，最好放進冰箱冷藏，4 星期內用完，或放進適合的容器冷凍，可以保持 3 個月。

400 克榛果醬

　　榛果烘烤過後會有特殊的香味，作成的堅果醬非常好吃。你可以用烤箱烘烤，但會喪失榛果裡面的一些水份，因此可以改用平底鍋，快速將榛果的外層烤成淡棕色，而不會烤乾榛果，或者購買已經去皮、烤好的榛果來使用。

材料：
400 克未調味生榛果，去皮或未去皮皆可
1 小撮鹽（隨意）
5-10 毫升（1-2 茶匙）有濕度的紅糖、蜂蜜、龍舌蘭或楓糖漿（隨意）
10-15 毫升（2 茶匙至 1 湯匙）榛果油或葵花油

1 把榛果平鋪在不沾平底鍋上，以低溫烤 4-5 分鐘，不時攪動。當榛果開始變得金黃、發出香味時，就立刻移開火爐，鍋子的餘熱會繼續烤熱榛果。

2 如果這時榛果的薄皮還沒脫落，可以使用乾淨的擦碗巾把大部分的外皮都搓下來，再把去皮的榛果放進果汁機或食物調理機。

3 若想加鹽，可以在這個時候撒進去。用調理機打 1-2 分鐘，或是直到磨得很細，用橡皮鏟子將調理機內壁的醬刮下來，如果想加甜味劑和油，這時可加入糖或其他甜味劑，及 5 毫升（1 茶匙）油。

4 繼續打幾分鐘直到榛果醬已經變成一團糊狀，再次用鏟子把調理機內壁的醬刮下來，如果選擇加油的作法，這時倒入剩下的油，繼續打，直到榛果醬變成非常柔滑綿密。把完成的醬放入乾淨的容器或消毒過的寬口瓶，放在陰涼的地方，最好是放冰箱冷藏，4 個星期以內用完，或放進適當的容器冷凍，可維持 3 個月。

■ 如何製作有顆粒的口感

有些堅果醬可以做出順滑的口感,杏仁醬也比一般的更細滑,而如果你想要有顆粒的堅果醬,可以在剛開始打堅果醬,堅果仍是粗顆粒或細顆粒時,先從調理機取出一部分堅果顆粒(端看你喜歡的粗細),把其餘的堅果打成細緻的堅果醬,再加進之前預留的那些顆粒,接著開機攪拌,或以手工攪拌,即成顆粒堅果醬。

■ 開心果與夏威夷果堅果醬

製作這兩種高級堅果醬的方法和製作杏仁醬完全一樣,但請注意做這類堅果醬真的所費不貲。這兩種都是柔軟的堅果,所以做起來很快、很容易,尤其是夏威夷果含很多脂肪,因此成品非常柔軟,所以在用調理機調理時,切勿再加油或液體的甜味劑了。

575 克巧克力榛果醬

榛果和巧克力可謂天生一對，所以帶著濃郁香氣的巧克力榛果醬不只是小朋友的最愛，大朋友、老年人也很歡迎。這一款食譜比市面各類的榛果醬所含的榛果更多，且不含氫化油和增稠劑。請選用品質好的巧克力，但不要用可可脂含量太高的，好品質的巧克力含有淡淡的甜味。未精煉的糖粉會帶點肉桂香，但你也可以用一般的白糖粉。如果你希望吃起來更甜一點，那就去掉可可粉。

材料：

350 克黑（半甜）巧克力
175 克未調味生榛果
1 小撮鹽
30 毫升（2 湯匙）榛果油或葵花油
45 毫升（3 湯匙）未精鍊糖粉
15 毫升（1 湯匙）未加糖可可粉
2.5 毫升（½ 茶匙）香草精

1 把巧克力剝成小塊，放在碗裡，再把碗浸在水溫接近沸騰的鍋中，偶而攪拌一下，接著拿開，放涼。

2 榛果烘烤、去皮，按照榛果醬作法的第一和第二步驟（第 69 頁）去做，接著撒點鹽進去，用食物調理機打 1-2 分鐘，直到榛果已磨得很細，用橡皮鏟子刮下調理機內壁的榛果醬，再加進油，繼續將榛果醬打到變得順滑，不時地把內壁的醬刮下來。

3 再加進油、糖、可可粉及香草精，繼續把這些混合的材料打至順滑，這時再加進巧克力，充分攪拌即成。

4 把成品裝進乾淨的容器或是消毒過的寬口瓶裡，剛裝瓶的抹醬較稀，不過冷卻後就會變稠。榛果醬可室溫保存，而若是希望更加濃稠，可以放在冰箱冷藏，3 星期內用完。

■ 如何使用巧克力榛果醬

加在奶昔或冰沙裡面

　　你可以嘗試把 15 毫升（1 湯匙）巧克力榛果抹醬和一小條熟的香蕉及 250 毫升（1 杯）的堅果奶一起打。

夾心餅乾或馬卡龍的內餡

杯子蛋糕的內餡

　　用湯匙挖半杯量的蛋糕放進模型中，再一一加進 2.5 毫升（½ 茶匙）巧克力榛果糊醬作內餡，覆上其餘的蛋糕糊後再去烘烤。

增添各類醬料或卡士達醬的風味

　　例如可以在 300 毫升（1 又¼ 杯）熱核桃奶卡士達中拌進 30 毫升（2 湯匙）的巧克力榛果醬（見 137 頁）。

作成松露巧克力

　　先把巧克力榛果醬冷藏，再用湯匙挖 1 小匙，作成球狀，接著浸一下溶化的巧克力中，最後把這些小球放在烘焙紙上，冷卻定型即可。

400 克栗子醬

由於栗子高醣、低脂的堅果，所以製作栗子醬的方式和其他的堅果醬大不相同。

材料：
250 克煮熟、去皮的栗子
30 毫升（2 湯匙）蜂蜜
1 小撮鹽
120-150 毫升（½-⅔ 杯）過濾水

1 將栗子放進食物調理機，按壓開關幾次，先把栗子打碎，加進蜂蜜、鹽，繼續打幾秒鐘，讓這些材料拌勻。

2 隨著馬達持續運轉，慢慢加進 120 毫升（½ 杯）水，打約 1-2 分鐘，然後刮下調理機內壁的醬，繼續打至順滑，視情況可以再多加一些水。

3 把完成的栗子醬用湯匙挖出來，放進密封罐或消毒過的寬口瓶，加以密封，放冰箱冷藏，3 個星期內用完。

廚師小叮嚀

如果你買的是未去皮的栗子，可以按照 44 頁的作法去烹煮和去皮。若要準備 450 克去皮的栗子，你大概需要 675 克的未去皮栗子。

250 克椰子醬

　　雖然椰子油和椰子醬是不同的產品，但是有些廠商把這兩個名稱混用，「椰子油」是從乾椰肉（乾的成熟椰肉）萃取的；椰子醬則是把新鮮椰肉切小塊，再用果汁機打成很細做出來。椰子醬可以用來當抹醬或烘焙時使用，但是不可以拿來炸東西，因為它的燃點很低。做好的椰子醬有時會油水分離，油會浮上表層，使用時可以先攪拌一下。

材料：
250 克未調味全脂脫水椰子絲

1 將脫水椰子絲放進食物調理機打 3-4 分鐘，然後刮下調理機內壁的椰子醬，再次攪打，且每隔幾分鐘就停一下，刮下調理機內壁的椰子醬。

2 不斷重複這種程序，直到椰子醬已變得非常順滑油亮的灰白糊狀，這個過程可能需要 20 分鐘。

3 將完成的椰子醬倒入消毒過的寬口瓶裡，放在室溫下保存，至少可以保存 1 年。如果椰子醬變硬了（室溫變低時），可以放進微波爐加熱幾秒鐘。

製作種子醬

　　種子正如堅果，具有豐富的營養，很容易作成濃稠、綿密的醬。種子醬可以抹麵包、在烘焙時添加，或是在米飯料理快起鍋時拌入。

■ 葵花子或南瓜子醬

　　葵花子做出來的醬是深奶油色，而南瓜子打成的醬則是帶斑點的橄欖綠。如果你對這兩者難以取捨，也可以各加一半，做出營養特別豐富的抹醬。

300 克葵花子或南瓜子醬

材料：
300 克葵花子或南瓜子、1 小撮海鹽、15-30 毫升（1-2 湯匙）葵花子油或南瓜子油、10 毫升（2 茶匙）楓糖漿（隨意）

1　將葵花子放進一個大的不沾平底鍋，以低溫烘烤 5-6 分鐘，常常搖動鍋子，讓葵花子不斷翻動。當部分葵花子顏色開始加深，發出香氣，並且聽到嗞嗞聲時，就要關火讓餘溫繼續烘烤，同時攪拌 1 分鐘。

2　把葵花子放涼，然後放進食物調理機或果汁機，加入海鹽，開始打 1-2 分鐘，直到磨得很細，接著加入 15 毫升（1 湯匙）油，如果想調味，這時可加入楓糖漿，然後續打 3-4 分鐘。

3　將調理機內壁的醬用橡皮刮鏟刮下來，再繼續打至葵花子醬變得非常順滑綿密。如果喜歡的話，可以再加一些油或把準備的油全加進去，葵花子醬會變得更稀。

4　把成品倒入乾淨的容器或消毒過的寬口瓶裡，存放在陰涼的地方，最好放冰箱冷藏，在 4 星期內用完，或者用適當容器冷凍，可放 3 個月。

■ 芝麻醬

芝麻醬有兩種。中東芝麻醬（Tahini）是未烘烤的芝麻，加點橄欖油作成的柔滑芝麻糊，常用作中東菜餚如鷹嘴豆泥醬及茄泥沾醬中的調味料。另一種烘烤過的芝麻作成的中式芝麻醬，口味及顏色都更深，也更濃稠，這種芝麻醬則常在炒菜或做醬汁時添加。

▲絲滑的芝麻醬是很受歡迎的點心

200 克中東芝麻醬

這一款芝麻醬，芝麻會先浸泡軟化，做出來的醬才會柔滑綿密，放涼時醬會變濃稠一點。

材料：
150 克芝麻、1 小撮鹽、45-60 毫升（3-4 湯匙）橄欖油

1 把芝麻放進碗裡，倒入足夠淹過 2.5 公分（1 吋）（許多芝麻會浮在水面，但等到吸飽水分就會下沈）的水，浸泡 4-6 小時。

2 用細網將芝麻瀝乾，再放進食物調理機，加鹽並打 1-2 分鐘，直到磨得細碎，將調理機內壁的芝麻刮下來，次用調理機攪打。

3 在馬達持續運轉的情況下，加入 30 毫升（2 湯匙）的油，打到順滑的程度，再加進 15 毫升（1 湯匙）的油，再繼續打，然後再加更多油，直到你喜歡的濃度。

4 把成品倒入碗裡或消毒過的寬口瓶，覆上蓋子，放冰箱冷藏，可以保存 4 星期。油有時會浮到芝麻醬上層，因此使用時需先攪拌。

175 克中式芝麻醬

這一款芝麻醬，芝麻會用平底鍋先略微烤過，芝麻很快就會變棕色，所以要特別留意且不停地攪拌。

材料：
150 克芝麻
15-30 毫升（1-2 湯匙）麻油（烤過再壓榨的）
1 小撮鹽

1 把芝麻放進不沾平底鍋，用低溫烘烤 2-3 分鐘，要持續攪拌直到芝麻轉變成金棕色，將鍋子從爐子上移開，利用餘溫繼續攪拌 1 分鐘。

2 讓芝麻放涼 1 分鐘，然後倒進食物調理機，加入油、鹽，按壓 2-3 分鐘，直到打得很細，用橡皮刮鏟刮下調理機內壁的芝麻醬。

3 繼續打到芝麻醬變得非常順滑，再次刮下調理機內壁的醬，必要時再加一點油，好讓調理機的刀片可以順利攪動。

4 把成品倒入碗中或消毒過的寬口瓶，覆上蓋子，放冰箱冷藏，可保存 4 星期。有些油會浮到芝麻醬上層，因此使用前要先攪拌。

堅果醬與種子醬如何使用

　　堅果醬與種子醬不只非常適合拿來抹麵包，在烹飪時用途也很多，它們可以用在甜鹹料理的調味，也可以讓醬料更濃稠，還可以在許多食譜中取代牛奶做的奶油。

■ 堅果奶油

　　制作用於烹飪之堅果奶油的最簡變方法是，拿堅果醬直接加水或其他液體，用食物調理機打到順滑就可以了，若要搭配其他食材，那麼味道較淡的堅果醬，例如杏仁或腰果醬比較適合。

　　堅果奶油也可以變身為「簡單速成」的義大利麵醬，尤其是核桃醬和松子醬。只要將義大利麵水加進堅果醬和切碎的新鮮香草，擠進幾滴檸檬汁，再加點鹽和黑胡椒粉，就能讓醬汁味道更豐富。

300 克堅果奶油

材料：
115 克堅果醬
250 毫升（1 杯）以內溫或熱水，或高湯、堅果奶皆可

1　把堅果奶倒進碗裡，拌入幾湯匙溫或熱開水（如果你做的是鹹的料理，可以用高湯；若做的是甜點，而且希望香味能濃郁一點，那麼就加堅果奶），然後用食物調理機打至均勻柔滑。

2　逐漸加進更多水或液體，加到 250 毫升（1 杯）以內，作成的堅果奶油會較濃稠，和牛奶做的重乳脂鮮奶油的濃度相當。如果你喜歡稀一點，可以多加點水份。成品可以趁熱吃，也可以冷藏備用。

■ 堅果奶油和種子奶油的用途

麵衣

　　用少許油調和堅果醬（或種子醬）、新鮮香草及調味料，再塗在薄肉片上，例如雞胸肉片、羊排、魚片或牛排等，或是櫛瓜、茄子等的薄片上，用烤箱烘烤至肉、魚或青菜變軟，堅果醬（或種子醬）結成棕色硬殼。這種方法不適用於大塊的肉、魚或澱粉含量高的蔬菜，因為烹調這些食材所需的時間較長，裹在外層的堅果醬很快就會焦黑。

餡料

　　堅果醬（或種子醬）可以當作蔬菜料理的內餡，例如剖半的青椒、紅椒、黃椒中間的餡料；里肌肉片或雞胸肉片等包在裡面的內餡（肉片包成口袋狀，裡面填進堅果醬或種子醬）。

餡餅皮

　　在製作餡餅皮時，用少許堅果醬取代原本添加的油脂，更添風味（見108頁）

增稠劑（即勾芡用）

　　在作肉汁醬、湯品或燉湯時，堅果醬或種子醬是很好的增稠劑。使用方法是將 15 毫升（1 湯匙）的堅果醬和醬汁一起用食物調理機打勻，再把混合好的醬汁加入菜餚。

500 克腰果奶油

腰果由於很軟，打出來的醬呈白色，特別柔細順滑，很適合作濃稠的堅果奶油，它的濃度也可以隨你的喜好增減，像是作成鮮奶油或稀一點可以倒得出來的奶油皆可。

材料：
250 克未調味的生腰果
250 毫升（1 杯）過濾水加浸泡水
糖粉、龍舌蘭或楓糖漿或檸檬汁和黑胡椒粉

1 將未調味的生腰果放進大玻璃、陶瓷或不銹鋼碗裡，倒入足以淹過生腰果 2.5 公分（1 吋）的水，至少浸泡 8 小時或一整夜。

2 瀝乾、清洗腰果，然後放進果汁機，按壓幾次開關。當馬達仍在運轉的情況下，慢慢將水倒進去，中途停下並刮下果汁機內壁的腰果醬，再一直打到順滑綿密。

3 如果你喜歡稀一點的濃度，可以多加一些水。想要甜奶油的話，就加一點糖粉、龍舌蘭或楓糖漿；若做的是鹹的菜餚，則可以加檸檬汁和胡椒粉調味。

225 毫升松子青醬

原本的青醬都含有磨碎的帕馬森乳酪，但是這一款是不含牛奶的，而是以新鮮檸檬汁和豐富的調味料取代了味道強烈的乳酪。

材料：
50 克松子
50 克新鮮羅勒葉
1-2 瓣去皮的蒜瓣
120 毫升（½ 杯）特級冷壓初榨橄欖油
10-15 毫升（2 茶匙～1 湯匙）新鮮現榨檸檬汁
鹽與黑胡椒粉

1 把松子放進不沾平底鍋裡鋪平，用小火烤個 2-3 分鐘，烘烤時要不停地攪動，直到顏色開始變成淡金色，將松子用盤子裝起來，放至接近完全冷卻。

2 將松子、羅勒葉、蒜頭、橄欖油、10 毫升（2 茶匙）檸檬汁、鹽及胡椒放進果汁機（或食物調理機），用高速打至松子和羅勒葉都已變粉碎，醬已變成非常綿密為止。

3 嘗一嘗做好的醬，看是否需要增加什麼調味料，必要時可以把剩下的檸檬汁加進去，將完成的松子青醬裝進螺旋蓋的寬口瓶，上面再淋上一小匙油，然後放進冰箱冷藏，在 3 星期以內用完。

食譜

堅果奶、種子奶和其醬類，以及其他堅果種子產品，都可應用於各種美味的日常食譜，從湯類、點心和沙拉，到咖哩、砂鍋菜和甜點……。這個章節包含 70 種你可以在家嘗試的簡單食譜，其中的技巧和多樣性，或許可以激發你將這些產品應用在其他你喜愛的食材上。你只要記住，留意各種風味的搭配，並且謹守每日建議攝取量，然後盡情發揮你的烹飪創意吧！

石榴葡萄柚杏仁優格

酸甜多汁的石榴子、幾瓣葡萄柚，滴上幾滴蜂蜜，再拌進杏仁奶優格，就可為神清氣爽的一天揭開序幕。

杏仁奶優格	300 毫升
成熟的石榴	2-3 個
薄荷 (切得很細)	1 束
透明的蜂蜜	25 毫升
紅肉葡萄柚	2 個
粉紅肉葡萄柚	2 個
白肉葡萄柚	1 個
橙花水	15 毫升

4 人份

營養資訊：熱量 191 大卡；蛋白質 3.4 克；碳水化合物 43 克（其中糖占 34.7 克）；脂肪 1.8 克（其中飽和脂肪 0 克）；膽固醇 0 毫克；鈣 77 毫克；膳食纖維 8.6 克；鈉 34 毫克。

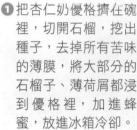

1 把杏仁奶優格擠在碗裡，切開石榴，挖出種子，去掉所有苦味的薄膜，將大部分的石榴子、薄荷屑都浸到優格裡，加進蜂蜜，放進冰箱冷卻。

2 把所有的葡萄柚都削皮，並去掉外皮底下的海綿層，從薄膜之間切下一瓣一瓣的葡萄柚，下面放一個碗，承接滴下的果汁。

3 把葡萄柚汁和一瓣一瓣的葡萄柚混合，淋上橙花水，並輕輕攪拌。

4 先把葡萄柚平分到四個盤子裡，倒入調好的優格，再撒上剛才預留的石榴子和薄荷屑。

椰奶棗子燕麥粥

這道椰子燕麥粥擁有棗泥的甜味，並且含有豐富的營養和纖維。其中燕麥能幫助身體降低膽固醇，因此還能作為健康食譜的材料。

新鮮棗子	250 克
大燕麥片	225 克
椰奶	750 毫升
未調味的生開心果	50 克

4 人份

營養資訊：熱量 430 大卡；蛋白質 10.3 克；碳水化合物 70.1 克（其中糖占 29.1 克）；脂肪 14.1 克（其中飽和脂肪占 2.6 克）；膽固醇 0 毫克；鈣 122 毫克；膳食纖維 7.3 克；鈉 230 毫克。

1 棗子剖半去核和莖，用滾水浸泡 30 分鐘，直到變軟，撈起來，保留 90 毫升（6 湯匙）浸泡水。

2 將棗子的皮除去，加入浸泡水，用食物調理機打成泥。

3 將燕麥片和椰奶倒入鍋中，煮滾後把爐火關小，再燉煮 4-5 分鐘到熟，烹煮期間要常常攪拌。在煮好的燕麥粥上，加上棗泥及開心果，即可上菜。

堅果燕麥脆穀片

堅果、種子、麥片和水果乾加蜂蜜和椰子油一起烤，就成了一道營養豐富的早餐，可以配上你喜歡的堅果奶或堅果優格及一些水果一起食用。

大燕麥片	225 克
葵花子	50 克
芝麻	25 克
烤過的榛果	50 克
杏仁（切碎）	25 克
椰子油	45 毫升
蜂蜜	50 毫升
葡萄乾	50 克
蔓越莓乾	50 克
堅果奶或堅果奶優格和水果（搭配食用）	

4 人份

營養資訊：熱量 156 大卡；蛋白質 3.8 克；碳水化合物 18.9 克（其中糖占 6.9 克）；脂肪 7.8 克（其中飽和脂肪占 2.4 克）；膽固醇 0 毫克；鈣 21.3 毫克；膳食纖維 2.2 克；鈉 9.3 毫克。

1. 將烤箱設定 140℃（275℉）預熱，將大燕麥片、種子及堅果拌好。

2. 用大鍋子將椰子油和蜂蜜加熱至融化再移開爐火。

3. 將拌好的燕麥等材料放進鍋裡，充分攪拌，再鋪在淺烤盤上（一或兩個烤盤）。

4. 將食材用烤箱烤約 50 分鐘直到鬆脆。烘烤期間，不時攪拌一下。烤好從烤箱拿出來，再將葡萄乾、蔓越莓加進去混合。

5. 將完成的這道燕麥脆穀片放到完全冷卻，再裝進密封罐裡，過大的穀片可以捏成小片。可再搭配堅果奶或堅果優格及當令水果一起食用。

覆盆子榛果優格蘇格蘭布丁

在這道傳統的蘇格蘭食譜中，用榛果奶優格取代原本的奶油；又如果你喜歡的話，也可以用堅果燕麥脆穀片來代替燕麥片。

燕麥片	75 克
榛果奶優格	600 毫升
覆盆子	250 克

4 人份

營養資訊：熱量 218 大卡；蛋白質 3.7 克；碳水化合物 43.9 克（其中糖占 18.8 克）；脂肪 4.3 克（其中飽和脂肪占 0.4 克）；膽固醇 0 毫克；鈣 25 毫克；膳食纖維 7.5 克；鈉 59 毫克。

1. 輕輕地將鬆脆燕麥片全部浸在榛果奶優格裡，小心注意不要把燕麥片壓碎。

2. 保留一些覆盆子做頂端的裝飾，然後把剩餘的也輕輕地浸到榛果奶優格裡，小心不要壓碎覆盆子。

3. 用湯匙挖出完成的蘇格蘭布丁，分裝在四個玻璃杯或盤子裡，上面再用之前保留的覆盆子裝飾，然後立刻享用，喜歡的話也可以淋上幾滴蜂蜜。

香蕉麥片胡桃奶薄煎餅

這類健康的早餐薄煎餅包含了全麥的麵粉和燕麥，其實已經比較像美式鬆餅而不像傳統的法式薄餅了。香蕉及胡桃一般都是用楓糖漿煮過，來為薄餅增加一點甜味及裝飾。

中筋麵粉	75 克
全麥麵粉	50 克
大燕麥片	50 克
泡打粉	5 毫升
鹽	1 小撮
細砂糖或椰糖	10 毫升
蛋	1 顆
胡桃奶	250 毫升
葵花油 （另外多準備一些煎餅用）	15 毫升

焦糖香蕉及胡桃的材料

椰子油	15 毫升
楓糖漿	15 毫升
香蕉 (縱向及橫向皆剖半)	3 根
未調味生胡桃	25 克

5 人份

[廚師小叮嚀]

胡桃是含維他命 B6 最多的堅果之一，維他命 B6 可以強化人體免疫系統，並促進食物釋出能量，是一天清晨提振精神的好食物。

營養資訊：熱量 303 大卡；蛋白質 7.4 克；碳水化合物 45.1 克（其中糖占 16.7 克）；脂肪 11.7 克（其中飽和脂肪占 3.1 克）；膽固醇 48 毫克；鈣 55 毫克；膳食纖維 4.5 克；鈉 140 毫克。

❶ 薄煎餅的作法：把中筋麵粉、全麥麵粉，燕麥、泡打粉、鹽和糖放進碗裡混合，在混好的材料中間挖一個洞，加上蛋和 ¼ 的胡桃奶，充分攪拌後，再逐漸邊攪動邊加入剩餘的胡桃奶，拌成濃稠的麵糊，放在室溫下 5 分鐘。

❷ 把一個大而厚重的平底鍋加熱，倒入少許油，再倒入 30 毫升（2 湯匙）的麵糊，煎成薄煎餅，一次可煎 2、3 個，單面煎 3 分鐘或煎到呈金黃色。在持續調理的過程中，可將煎好的薄煎餅先保溫起來。

❸ 焦糖香蕉和胡桃的作法：把平底鍋擦乾淨，用小火加熱椰子油，讓油完全融化，然後加入楓糖漿充分攪拌，再把香蕉和胡桃放入鍋中。

❹ 煎 4 分鐘，翻面一次，或者直到香蕉變軟，醬汁已經變成焦糖。即可和薄煎餅擺盤上桌。

杏仁奶圓麵包

此圓麵包麵團可以放在冰箱慢慢發一晚,隔天早上再作成麵包烘烤,加入杏仁奶可以讓麵包更軟並增加香味。這款麵包抹上椰子醬,再覆上果醬,熱熱吃特別可口。

未漂白高筋麵粉	450 克
(並多留一些揉麵包時可以撒的麵粉)	
鹽	10 毫升
即溶乾酵母	7 克
冷杏仁奶	300 毫升

10 個

變化版:

把 20 克新鮮酵母捏碎,放入碗裡,拌入 ¼ 的杏仁奶,攪拌到很順滑,再慢慢拌入其餘的杏仁奶,並加進步驟 1 的麵粉及鹽的混合材料中。

營養資訊:熱量 157 大卡;蛋白質 4.4 克;碳水化合物 35.1 克(其中糖占 0.7 克);脂肪 0.9 克(其中飽和脂肪占 0.1 克);膽固醇 0 毫克;鈣 63 毫克;膳食纖維 2 克;鈉 414 毫克。

❶ 將麵粉及鹽篩入碗中,拌入酵母,在混好的材料中間挖一個洞,倒入杏仁奶,揉成軟麵團,再把麵團移到撒上薄麵粉的桌面上,揉 5-7 分鐘,直到麵團已非常均勻、有彈性。把揉好的麵團放進抹了一層油的碗中,上面用保鮮膜蓋好,放入冰箱醒一夜,經過 8-10 小時,麵團應該已發成兩倍大了。

❷ 把麵團從冰箱拿出來,在室溫下放置 30 分鐘,這時先準備一個大烤盤,在上面塗一層油脂備用。

❸ 拿出麵團,放在撒了薄麵粉的桌面上,輕輕揉 1-2 分鐘,捏成 10 個橢圓形的麵包形狀,放進烤盤裡,麵團與麵團之間要留一點空隙,再用抹上油的保鮮膜全部蓋起來,放在溫暖的地方 30 分鐘或者直到膨脹得差不多將烤箱設定在 200℃(400℉)預熱。

❹ 在每個麵包麵團上面撒些麵粉,放進烤箱烤約 12-15 分鐘或到淺棕色的程度,將麵包拿出來,放在鐵架上,讓溫度降一些,趁熱食用。

杏仁奶黑莓瑪芬

充滿水果的瑪芬，可以提供許多熱量，讓你在一天的開始就精神飽滿。這道食譜使用新鮮的黑莓，但是可以隨你的喜好以新鮮或冷凍的藍莓代替。杏仁奶也可以用其他堅果奶替換。

中筋麵粉	300 克
有溼度的紅糖	50 克
泡打粉	20 毫升
未調味且去皮生杏仁（切碎）	60 克
新鮮黑莓（沖洗後用廚房紙巾輕輕拍乾）	100 克
蛋	2 個
杏仁奶	150 毫升
葵花油	45 毫升
香草精	2.5 毫升

12 個

❶ 將烤箱設定 200℃（400 ℉）預熱，在瑪芬模子裡墊上紙杯。

❷ 將麵粉、糖及泡打粉篩入大碗，再拌入杏仁與黑莓，務必讓杏仁與黑莓都沾滿混好的麵粉材料。在混合均勻的材料中間挖個洞

❸ 用另一個碗把蛋跟杏仁奶打勻，加入油及香草精，再拌入上述的乾料。

❹ 把麵糊舀進準備好的模型紙杯裡，烘烤 **20-25** 分鐘或直到顏色變成金黃，在把烤好的瑪芬移到鐵架上放涼之前，先在烤箱裡靜置 **5** 分鐘。

營養資訊：熱量 178 大卡；蛋白質 4.9 克；碳水化合物 25.3 克（其中糖占 5.6 克）；脂肪 7.1 克（其中飽和脂肪占 0.9 克）；膽固醇 39 毫克；鈣 72 毫克；膳食纖維 1.4 克；鈉 182 毫克。

水果種子奶油堅果棒

這道堅果棒是早晨時間不充裕的情況下，最好的早餐選項。製作時不需添加油脂或油類，因為加入種子醬及蘋果醬就已讓堅果棒很潤澤可口。

葵花或南瓜子醬	45 毫升
無糖蘋果醬（泥）	275 克
可即食的杏桃乾（切碎）	115 克
葡萄乾	115 克
粗紅糖	50 克
葵花子	30 毫升
芝麻	30 毫升
大燕麥片	75 克
低筋全麥麵粉	75 克
未調味的椰子粉	50 克
打好的蛋	2 顆

12 條

❶ 烤箱設定 200℃（400℉）預熱，將直徑 20 公分（8 吋）的方型淺烤盤塗上一層油，再鋪上烘焙紙。

❷ 將種子醬放進碗裡，加入 15 毫升（1 湯匙）蘋果醬混合均勻，然後再加進幾湯匙，混合均勻，一次加一點，等到蘋果醬都打散，再拌入其餘的醬。接著加進杏桃乾、葡萄乾、糖、葵花子、芝麻，充分拌勻。

❸ 加入燕麥片、麵粉和蛋至水果糊，輕輕攪拌至非常均勻。接著將麵糊倒入淺烤盤中，將盤面填滿且鋪成均勻的一層。

❹ 用烤箱烘烤 20 分鐘或直到顏色變成金黃色，表面摸起來剛剛形成硬殼為止。連同烤盤整個放涼，再移到平面的板子上，切成一塊塊的早餐棒。

營養資訊：熱量 214 大卡；蛋白質 5.2 克；碳水化合物 29.5 克（其中糖占 19.9 克）；脂肪 9 克（其中飽和脂肪占 3.2 克）；膽固醇 39 毫克；鈣 67 毫克；膳食纖維 3.7 克；鈉 53 毫克。

腰果奶煙燻鱈魚煎蛋捲

在這道食譜中,把打過的蛋白加進煙燻鱈魚,變成帶有舒芙蕾(蛋奶酥)風味的煎蛋捲。而濃稠的腰果奶則帶來最綿密的口感。

煙燻鱈魚片	175 克
蛋白	4 顆
蛋黃	4 顆
腰果奶	150 毫升
黑胡椒粉	少許
椰子油或葵花油	15 毫升
西洋菜(裝飾用)	少許

2 人份

營養資訊:熱量 348 大卡;蛋白質 32.1 克;碳水化合物 4.1 克(其中糖占 2.2 克);脂肪 22.8 克(其中飽和脂肪占 9.3 克);膽固醇 502 毫克;鈣 77 毫克;膳食纖維 0.3 克;鈉 1254 毫克。

❶ 水煮鱈魚 7-8 分鐘,到剛好熟的程度,瀝乾、去皮、去骨、切薄片。

❷ 將蛋黃和腰果奶及調味料混合,接著放入魚片並攪拌。

❸ 把蛋白放進乾淨的碗中,攪拌至半打發,再把蛋白拌進上面的材料裡。

❹ 放油進煎蛋鍋,加熱後把混合的食材倒進去,煎 3-4 分鐘,直到凝固且底部呈金黃,這時再移到熱烤架上烤 1-2 分鐘,用西洋菜裝飾,即可上菜。

栗子菇吐司厚片

這道食譜中用的栗子菇的顏色比一般白蘑菇深,味道也更香。栗子奶做的醬汁也特別美味可口。

栗子菇	250 克
葵花油	15 毫升
栗子奶	120 毫升
鹽與黑胡椒粉	適量
現磨的大豆蔻	少許
厚吐司	2 片
韭菜末(裝飾用)	少許

2 人份

營養資訊:熱量 199 大卡;蛋白質 7.9 克;碳水化合物 25.5 克(其中糖占 1.7 克);脂肪 8.1 克(其中飽和脂肪占 1.2 克);膽固醇 0 毫克;鈣 71 毫克;膳食纖維 3.2 克;鈉 286 毫克。

❶ 仔細挑選和修整栗子菇,必要時用廚房紙巾擦乾淨,然後切成厚片。

❷ 用不沾鍋熱油,放入栗子菇,不時拌炒,快炒 3 分鐘。

❸ 將栗子菇放進碗裡備用。把栗子奶倒入鍋中,燉煮 4-5 分鐘或直到收乾成一半的份量。再加入栗子菇、鹽、胡椒粉、大豆蔻等調味料,燉煮 2 分鐘起鍋。把成品均分攤在兩片厚吐司上,用韭菜末裝飾,即可上菜。

杏仁奶印度燴飯

香味撲鼻的印度燴飯（Kedgeree）是把米加在杏仁奶中燉煮而成，因為杏仁奶帶出了特殊的堅果香，適合當作早餐或是早午餐，也可以作為簡單的晚餐。

煙燻黑線鱈魚	450 克
杏仁奶	300 毫升
長粒米	175 克
鹽與黑胡椒粉	適量
現磨肉豆蔻	1 小撮
紅辣椒粉	1 小撮
椰子油或葵花油	15 毫升
洋蔥末	1 個
全熟水煮蛋	2 顆
荷蘭芹末（裝飾用）	少許
檸檬瓣及全麥吐司（搭配食用）	

4-6 人份

營養資訊：熱量 227 大卡；蛋白質 19.4 克；碳水化合物 25.5 克（其中糖占 1.4 克）；脂肪 5.2 克（其中飽和脂肪占 0.9 克）；膽固醇 104 毫克；鈣 40 毫克；膳食纖維 0.8 克；鈉 632 毫克。

❶ 用杏仁奶煮黑線鱈魚，奶量剛好蓋過即可，煮約 8 分鐘或煮到剛剛熟。將黑線鱈魚去皮、去骨，用叉子將魚肉剔成薄片，放旁邊備用。

❷ 把剛才煮過鱈魚的杏仁奶濾進量杯中，加水至 600 毫升的刻度，再將這些湯汁倒進鍋裡，煮到沸騰後加進米，蓋上鍋蓋，以低溫煮 25 分鐘或至所有水分都被米吸收，再關掉爐火，加鹽、胡椒、磨碎的大豆蔻和紅辣椒粉調味。

❸ 煮飯的期間，用另一個鍋子將椰子油或蔬菜油加熱，放入洋蔥拌炒至軟而透明，撈起備用。把一顆水煮蛋大略切碎，另一顆則切成一瓣一瓣。

❹ 將切片的黑線鱈、洋蔥、碎蛋，拌進米飯，再將混合好的材料加熱至煮熟。

❺ 擺盤時，將這道印度燴飯倒進加溫過的盤子裡，上頭用荷蘭芹末和瓣狀的水煮蛋裝飾，檸檬瓣則排在盤子四周，和全麥吐司一起上菜，趁熱食用。

熱帶巴西堅果奶昔

「一杯式早餐」──這道奶昔冰沙將鳳梨和香蕉打進巴西堅果奶中。其中添加加州蜜棗提升甜味及濃度。

鳳梨	½ 顆
去籽加州蜜棗	4 個
熟成的小香蕉	1 根
檸檬汁	½ 個
冰的巴西堅果奶	300 毫升

2-3 人份

營養資訊：熱量 208 大卡；蛋白質 2.6 克；碳水化合物 49.7 克（其中糖佔 48.8 克）；脂肪 1.6 克（其中飽和脂肪佔 0.5 克）；膽固醇 0 毫克；鈣 44 毫克；膳食纖維 4.7 克；鈉 7 毫克。

❶ 削掉鳳梨的皮和心，將果肉切塊，放進果汁機或食物調理機，並加入加州蜜棗。

❷ 香蕉剝皮切塊，連同檸檬汁加進食物調理機。

❸ 將水果打至順滑，必要時中途可以停下來，將調理機內壁的果汁用橡皮刮鏟刮下，再加入巴西堅果奶，打幾下直到混合均勻。將做好的冰砂奶昔倒入高腳杯，立即享用。

薑味梨子核桃奶昔

雖然新鮮水果的香味與營養價值無法取代，但是如果一時沒有新鮮的材料，各類罐頭水果也是不錯的選擇。

糖漬子薑	3 塊
糖漬子薑罐裡的糖漿	30 毫升
含原汁的罐頭梨子	400 克
冰的核桃奶	450 毫升
小冰塊	

2 人份

營養資訊：熱量 299 大卡；蛋白質 4.6 克；碳水化合物 41.2 克（其中糖占 32.2 克）；脂肪 14.8 克（其中飽和脂肪占 1.9 克）；膽固醇 9 毫克；鈣 28 毫克；膳食纖維 5.9 克；鈉 158 毫克。

❶ 從薑上削下一些薄片，放旁邊備用，其餘的薑則切成大塊。把罐頭梨子瀝乾，保留 150 毫升左右的原汁。

❷ 將梨子、保留的梨汁及切好的薑放入果汁機或食物調理機裡，打到順滑，必要時將果汁機內壁的果汁刮下來。

❸ 將上述打好的材料用濾網濾進玻璃壺或有柄的冷水壺裡，再拌入核桃奶、子薑糖漿，即可倒入玻璃杯裡，加上冰塊和裝飾用的薄薑片享用。

印度風味腰果奶芒果飲

這杯由芒果、腰果奶與小豆蔻組成的甘美果汁，富含身體需要的許多維他命、礦物質，能提振精神。

罐頭芒果果肉	225 克
或罐頭芒果片（瀝乾）	425 克
冰腰果奶	300 毫升
蜂蜜或糖	5 毫升
小豆蔻粉	2.5 毫升
薄荷（裝飾用）	數枝

4 人份

營養資訊：熱量 54 大卡；蛋白質 0.3 克；碳水化合物 13.4 克（其中糖占 13.1 克）；脂肪 0.3 克（其中飽和脂肪占 0.1 克）；膽固醇 0 毫克；鈣 6 毫克；膳食纖維 0.6 克；鈉 8 毫克。

❶ 將芒果肉或芒果片放進食物調理機，加入腰果奶、蜂蜜和小豆蔻。

❷ 將所有材料打至順滑，然後倒入大的玻璃壺或冷水壺裡。

❸ 倒進 300 毫升冷開水，充分拌勻，放冰箱冷藏。

❹ 趁冰涼的時候立即享用，上面可用薄荷嫩枝裝飾。

木瓜杏仁優格奶昔

這杯飲料可以提供一整天的營養，同時也是隨時可以享用的「杯裝零食」。木瓜是 β 胡蘿蔔素及維他命 C 的極佳來源。

小木瓜	1 顆
冰杏仁優格	250 毫升
蜂蜜或糖	5 毫升

4 人份

營養資訊：熱量 92 大卡；蛋白質 1.4 克；碳水化合物 19.6 克（其中糖占 6.9 克）；脂肪 1.2 克（其中飽和脂肪占 0 克）；膽固醇 0 毫克；鈣 37 毫克；膳食纖維 3.7 克；鈉 37 毫克。

❶ 將木瓜縱切剖半，用小湯匙挖掉種子及白色的薄膜。

❷ 將木瓜果肉切成小塊，除了保留一些做裝飾，其餘的全放入果汁機或大碗裡。

❸ 加入杏仁優格、250 毫升冷開水及蜂蜜或糖，用果汁機或手持式攪拌機攪打直到順滑。上面用小塊木瓜裝飾，即可享用。

蒜味杏仁冷湯

這道摩洛哥風味的乳白濃湯，傳統上是使用未過濾的杏仁奶。加入許多蒜頭，在炎熱的季節裡是道美味清新的飲品。

隔夜白麵包（去邊）	3-4 片
剝好的蒜瓣	4 瓣
橄欖油	60 毫升
未經過濾的杏仁奶	1 公升
白酒醋	30 毫升
鹽	適量
剖半的綠葡萄（裝飾用）	少許
未調味的生杏仁（裝飾用）	少許

4 人份

營養資訊：熱量 190 大卡；蛋白質 3 克；碳水化合物 15.3 克（其中糖占 5.8 克）；脂肪 13.5 克（其中飽和脂肪占 1.7 克）；膽固醇 0 毫克；鈣 22 毫克；膳食纖維 0.7 克；鈉 264 毫克。

❶ 將麵包、蒜瓣、橄欖油及 150 毫升杏仁奶放進果汁機或食物調理機，打到變成均勻順滑的奶糊，把果汁機內壁的奶糊也刮下來。

❷ 隨著果汁機還在運轉，把剩餘的杏仁奶也加進去，直到奶糊變得順滑，稠度和低脂鮮奶油相當，再加入白酒醋和鹽調味。

❸ 將成品放入冰箱冷卻，最後加上綠葡萄與杏仁裝飾，即可上菜。

咖哩花椰菜腰果濃湯

這道微辣的濃湯既簡單又有飽足感，可以搭配硬皮麵包或印度烤餅一起吃，上菜時可加幾枝新鮮香菜做裝飾。

腰果奶	750 毫克
花椰菜（切或剝成一小朵）	1 大顆
印度綜合香料	15 毫升
鹽與黑胡椒粉	適量
香菜葉（裝飾用）	適量

4 人份

營養資訊：熱量 197 大卡；蛋白質 10.1 克；碳水化合物 17.6 克（其中糖占 10.1 克）；脂肪 10.5 克（其中飽和脂肪占 2 克）；膽固醇 0 毫克；鈣 68 毫克；膳食纖維 5.2 克；鈉 175 毫克。

❶ 將腰果奶、花椰菜、印度綜合香料及調味料放進鍋，開中火，煮滾，接著把火關小，鍋蓋只蓋一部分，繼續燉煮 20 分鐘，直到花椰菜變軟為止。

❷ 把湯放涼幾分鐘，然後用調理機打到順滑，接著再放回鍋中加熱，但不必煮滾，上菜時用香菜裝飾。

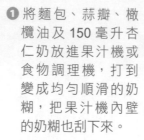

蒜味燕麥清湯

這道清湯的傳統作法是搭配蘇打麵包食用，但是也可以改用燕麥奶全麥司康（見
148 頁），因為燕麥奶會讓這道清湯更有風味。

燕麥奶	600 毫升
蔬菜高湯	600 毫升
去殼燕麥粒	30 毫升
大青蒜（切成 2 公分的小段）	6 條
葵花子人造奶油	25 克
鹽和黑胡椒粉	適量
肉豆蔻	1 小撮
荷蘭芹末	30 毫升
杏仁奶優格（裝飾用）	適量

4-6 人份

❶ 將燕麥奶和高湯以中火煮滾，再撒入燕麥片，充分
攪拌以免結塊，然後用慢火燉煮。

❷ 用一個大碗洗青蒜，用另外一個鍋子將葵花子人造
奶油化開，以小火把青蒜煮到稍稍變軟，再把青蒜
加進❶並燉 15-20 分鐘，直到燕麥全熟。如果湯太
稠，可以再加一點高湯。

❸ 用鹽、胡椒粉和肉豆蔻調味，再拌進荷蘭芹，用加
熱過的碗盛裝。如果喜歡，還可以淋上一圈杏仁奶
優格做裝飾。

營養資訊：熱量 148 大卡；蛋白質 3.8 克；碳水化合物 9.9 克（其
中糖占 8.8 克）；脂肪 6.1 克（其中飽和脂肪占 0.9 克）；膽固醇
0 毫克；鈣 55 毫克；膳食纖維 5.9 克；鈉 119 毫克

歐洲防風草榛果濃湯

這道微辣奶油狀濃湯非常適合在冬日享用。它加了一湯匙榛果醬，使湯變得濃稠，最後撒上鬆脆的油炸麵包丁。麵包丁可以用放了一天的麵包丁以椰子油油炸。

歐洲防風草	900 克
葵花油或椰子油	30 毫升
洋蔥末	1 顆
蒜瓣（壓碎）	2 瓣
孜然粉	10 毫升
香菜粉	5 毫升
稀的榛果醬	15 毫升
熱的蔬菜高湯	1.2 公升
榛果奶	大約 150 毫升
鹽和黑胡椒粉	適量
韭菜末或荷蘭芹末（裝飾用）	
油炸麵包丁（裝飾用）	

6 人份

營養資訊： 熱量 170 大卡；蛋白質 3.6 克；碳水化合物 23 克（其中糖占 11.2 克）；脂肪 7.5 克（其中飽和脂肪占 0.8 克）；膽固醇 0 毫克；鈣 70 毫克；膳食纖維 9.8 克；鈉 16 毫克

❶ 把歐洲防風草去皮，削成薄片，用一個厚重的大鍋熱油，將去皮削好的歐洲防風草、切碎的洋蔥、壓碎的蒜瓣倒入鍋中，用小火不時地拌炒一下，煮到軟化但沒有變色的程度。

❷ 加進孜然粉和香菜末到鍋中，攪拌 1-2 分鐘，接著加入榛果醬，再慢慢拌入熱蔬菜高湯。

❸ 蓋上鍋蓋燉煮 20 分鐘或直到歐洲防風草變軟，移開爐火，讓濃湯稍微放涼。

❹ 用果汁機或食物調理機把湯打成泥，再倒回沖洗過的鍋中，拌入榛果奶，依自己的口味調整濃度和調味料，再次加熱至冒蒸氣但不必滾開。

❺ 把濃湯舀進溫過的湯碗裡，撒上切碎的韭菜或荷蘭芹及油炸麵包丁做裝飾，立即上菜。

火麻仁蘑菇濃湯

擁有泥土氣息的小波特菇加上火麻仁奶，產生特殊的香氣，配上龍蒿更帶出類似洋茴香的味道。這道湯品可以用小碗盛裝，搭配小圓麵包作成開胃菜；也可以增加份量搭硬皮麵包，當作中餐。

紅蔥頭	4 顆
葵花油或椰子油	15 毫升
小波特菇（切碎）	450 克
蔬菜高湯	300 毫升
火麻仁奶	300 毫升
切碎的龍蒿	15-30 毫升
鹽、黑胡椒粉	適量

4 人份

【廚師小叮嚀】

小波特菇比人工栽培的菇，例如洋菇、扁平蘑菇等味道更香濃，而波特菇外形則和人工栽培的扁平蘑菇很相似，不過事實上它只是較大的小波特菇而已。

營養資訊：熱量 138 大卡；蛋白質 6.5 克；碳水化合物 8.9 克（其中糖占 7 克）；脂粉 8.8 克（其中飽和脂肪占 1.2 克）；膽固醇 0 毫克；鈣 34.5 毫克；纖維 3.6 克；鈉 133 毫克。

❶ 用大鍋熱油，將紅蔥頭切成末，並放入拌炒 5 分鐘。

❷ 加入蘑菇，用小火拌炒 3 分鐘，接著加入高湯和火麻仁奶，煮滾後蓋上鍋蓋燉煮 20 分鐘，直到所有蔬菜都變軟。

❸ 拌入切好的龍蒿，按個人口味加入鹽、黑胡椒等調味。

❹ 煮好的湯稍微放涼後用果汁機或食物調理機打成順滑，必要時可以分批處理。打成泥後再倒回沖洗過的鍋裡，再次用小火加熱，直到冒水蒸汽為止。

❺ 將濃湯倒進溫過的碗裡，上菜前可用新鮮的龍蒿嫩枝裝飾。

洋蔥杏仁濃湯

這道口感絲滑的濃湯證明，不一定要加牛奶才能做出綿密口感的料理，本書這道湯品用杏仁醬搭配麵包片，帶出柔滑又紮實的味道。

葵花人造奶油	75 克
洋蔥（切片）	1 公斤
新鮮月桂葉	1 片
白苦艾酒	75 毫升
杏仁醬	15 毫升
雞高湯或蔬菜高湯	1 公升
鹽和黑胡椒粉	適量
杏仁奶	150 毫升
韭菜末（裝飾用）	
麵包片（搭配食用）	

4 人份

廚師小叮嚀

製作麵包片的方法是將烤箱設定 200℃（400℉）預熱，將幾個法國長棍麵包斜切成薄片，再刷上橄欖油烘烤 12-15 分鐘；若是蒜味麵包片，則可將 1-2 瓣壓碎的蒜頭加進葵花人造奶油裡，再薄薄地塗在麵包上，以取代塗抹橄欖油。

營養資訊：熱量 277 大卡；蛋白質 4 克；碳水化合物 21.2 克（其中糖占 14.6 克）；脂肪 18.4 克（其中飽和脂肪占 3.5 克）；膽固醇 0 毫克；鈣 65 毫克；膳食纖維 5.4 克；鈉 137 毫克。

❶ 用大鍋將葵花人造奶油融化，再加入洋蔥和月桂葉攪拌，讓食材都沾到奶油，蓋上鍋蓋，用文火煮 30 分鐘，期間不時攪拌一下，煮到洋蔥變軟但未變色的程度，將接近 ¼ 份量的洋蔥撈起備用。

❷ 將白苦艾酒加到鍋裡，爐火開大，煮到沸騰，水分幾乎要蒸發掉的程度，再加入杏仁醬。

❸ 倒入一些高湯，攪拌至杏仁醬已混合均勻，再倒入剩餘的高湯，並按口味調味，濃湯煮滾後把爐火關小，蓋上鍋蓋燉煮 5 分鐘。

❹ 將濃湯稍微放涼，然後去掉月桂葉，用食物調理機打到順滑，再倒回沖洗乾淨的鍋中。

❺ 將預留的洋蔥放進不沾鍋裡煮到開始變成金黃色，再把洋蔥及杏仁奶加進❹，再次用小火把湯加熱。試試味道，看是否需要增加調味料。

❻ 把湯舀入溫過的碗裡，撒上新鮮的韭菜末做裝飾，搭配麵包片，即可上菜。

胡蘿蔔蘋果腰果濃湯

腰果奶濃湯加上胡蘿蔔及蘋果，使得這道濃湯既健康又美味，而且可以預先做好，上菜前再和腰果奶混合一起加熱即可。

葵花油或椰子油	15 毫升
洋蔥（切塊）	1 顆
粗切的蒜瓣（切塊）	1 瓣
切好的胡蘿蔔（切塊）	500 克
微酸可生吃的蘋果 （去皮去核，切塊）	2 顆
蔬菜高湯	750 毫升
未調味蘋果汁	100 毫升
鹽及白胡椒粉	適量
腰果奶	150 毫升
南瓜子	15 毫升
韭菜末（裝飾用）	15 毫升

4 人份

營養資訊：熱量 148 大卡；蛋白質 2.6 克；碳水化合物 24.6 克（其中糖占 21.1 克）；脂肪 5.1 克（其中飽和脂肪占 0.8 克）；膽固醇 0 毫克；鈣 49 毫克；膳食纖維 6.2 克；鈉 192 毫克。

❶ 開中火熱油，加入洋蔥煮 5 分鐘至洋蔥變軟，再加進蒜頭，繼續煮幾分鐘，再拌入胡蘿蔔與蘋果粒。

❷ 加進高湯與蘋果汁，及鹽、白胡椒粉調味，一起煮到滾開，再以小火燉煮 15 分鐘。

❸ 接著加入腰果奶，把湯加熱到正要沸騰時，再用手持式攪拌機把湯打成泥。如果太稠，可以多加一些高湯或腰果奶。

❹ 將平底鍋用中火加熱，放入南瓜子乾炒 3 分鐘，不時地翻炒一下，直到炒熟。

❺ 把湯舀進溫過的碗裡，最後撒入炒好的南瓜子和韭菜末做裝飾。

椰奶海鮮巧達濃湯

鮮美的海產和蔬菜及綿密的椰奶形成完美的組合。記得挑選肉質結實的白肉魚，烹煮的時候魚肉才不至於散開。

椰子油或葵花油	30 毫升
洋蔥末	1 顆
培根丁	115 克
芹菜莖（切丁）	4 根
馬玲薯（切丁）	2 顆
番茄（切丁）	450 克
或罐頭番茄丁	400 克
魚高湯	450 毫升
貝類（蚌、明蝦或扇貝等）	225 克
椰奶	300 毫升
玉米麵粉	15 毫升
白肉魚魚片 （如鱈魚、鰈魚，去皮切成小塊）	450 克
鹽與黑胡椒粉	適量
椰子奶油（裝飾用）	少許
荷蘭芹末（裝飾用）	少許

4-6 人份

營養資訊：熱量 215 大卡；蛋白質 3.9 克；碳水化合物 21.3 克（其中糖占 10.6 克）；脂肪 13.3 克（其中飽和脂肪占 7.7 克）；膽固醇 32 毫克；鈣 92 毫克；膳食纖維 7.3 克；鈉 74 毫克。

❶ 用大鍋熱油，加入洋蔥、培根、芹菜及馬鈴薯，讓食材都沾滿油，蓋上鍋蓋，用小火燜煮 5-10 分鐘，直到燜出水分，食材還未變色的程度。

❷ 用果汁機把番茄打成泥，濾掉皮和種子，把番茄泥與高湯倒入鍋中，煮滾後再蓋上鍋蓋，用小火煮到馬鈴薯軟化。中間有必要的話，可以把浮在表面的浮沫撈掉。

❸ 蚌類的處理方法是：用流動的自來水沖刷蚌殼，輕敲蚌殼，打不開的就丟棄。處理明蝦的方法則是煮一鍋滾水，下鍋快速燙一下，放涼後剝皮。扇貝則可整顆入湯。

❹ 把蚌類放進厚重的淺鍋，不必加水，蓋上鍋蓋，用大火煮幾分鐘，不時的搖動鍋子，直到所有的蚌殼都開了，把打不開的蚌全部丟棄，把蚌肉挑出，將所有準備好的貝類都加進湯裡。

❺ 將椰奶和玉米麵粉混勻，再拌進湯裡，煮到沸騰，將爐火關小，加入魚塊，蓋上鍋蓋，燜煮幾分鐘或直到魚肉變軟，按個人口味添加調味料，上菜時用椰子奶油和荷蘭芹末裝飾。

雞肉南瓜濃湯

這道湯品適合當作星期三（一週的中間）的晚餐或是週末的午餐。這種溫暖的濃湯本身就是一道完整的菜餚，可以搭配熱的圓麵包食用。

葵花油	30 毫升
綠豆蔻豆莢	6 支
青蒜末	2 支
去籽、去皮的南瓜（切塊）	350 克
雞高湯	750 毫升
印度香米（先浸泡）	115 克
鹽與黑胡椒粉	適量
南瓜子奶	350 毫升
煮熟的雞肉（切大塊）	200 克
橙皮條（裝飾用）	少許
黑胡椒粉（裝飾用）	少許
全麥熱圓麵包（搭配食用）	

4 人份

廚師小叮嚀

雞湯熬成之後，可以用密封罐冷藏保存 3-4 天，另一個選項是烹煮時採用市售的高湯塊

營養資訊：熱量 308 大卡；蛋白質 18.8 克；碳水化合物 29.9 克（其中糖占 3.8 克）；脂肪 12.9 克（其中飽和脂肪占 1.5 克）；膽固醇 35 毫克；鈣 57 毫克；膳食纖維 5 克；鈉 443 毫克。

❶ 用鍋子熱油，放入綠豆蔻莢炒 3 分鐘，直到豆莢稍為膨脹，再加入青蒜和南瓜。

❷ 以中火拌煮 3-4 分鐘，再把火關小，蓋上鍋蓋煮 5 分鐘，燜出食材的水分，南瓜也開始變軟。

❸ 倒入 600 毫升高湯，煮到滾，再把爐火關小，蓋上鍋蓋慢慢燉煮 10-15 分鐘，直到南瓜變軟。

❹ 將剩餘的高湯倒進量杯裡，加水至 300 毫升的量。把浸泡的米瀝乾，放進另一個鍋裡，倒入高湯水，煮到滾，然後燉約 10 分鐘，到米變軟，按個人口味添加調味料。

❺ 挑去綠豆蔻莢，把湯打到順滑，再倒進乾淨的鍋裡，拌入南瓜子奶、雞肉及米飯（若仍有高湯則連同高湯）。再次加熱至接近沸騰。

❻ 將成品舀入溫過的碗裡，撒進橙皮絲和黑胡椒粒，搭配熱圓麵包上菜。

中東茄子芝麻沾醬

這道中東茄子芝麻沾醬即是有名的「Baba Ganoush」，有些廚師會加進切碎的義大利扁葉香芹及其他香草，並用檸檬汁提味，或是加入濃稠的優格增加綿密的口感。本書介紹的這道點心則包含了所有這些材料，形成味道最豐富的點心。

茄子	2 根
中東芝麻醬	30-45 毫升
檸檬擠汁	1-2 顆
濃稠杏仁奶優格	45 毫升
壓碎的蒜瓣	2 瓣
切碎的義大利扁葉香芹末	1 束
鹽與黑胡椒粉	適量
橄欖油	少許

4 人份

[廚師小叮嚀]

要讓杏仁奶優格變濃稠的方法是，將鋪了薄棉布的濾網掛在一個大碗上，舀入 90 毫升杏仁奶優格（見 58 頁），然後將大碗放進冰箱 1-2 小時，讓優格慢慢瀝乾，瀝乾之後，薄棉布上大約會剩下45 毫升濃稠的優格，將碗裡濾出的水丟棄。

營養資訊：熱量 202 大卡；蛋白質 6.6 克；碳水化合物 5.3 克（其中糖占 3.4 克）；脂肪 17.5 克（其中飽和脂肪占 2.5 克）；膽固醇 0毫克；鈣 206 毫克；膳食纖維 6.5克；鈉 12 毫克。

❶ 將茄子放進一個熱的淺鍋，或直接在瓦斯爐上或碳烤爐上烤，不時地轉動一下，直到茄子摸起來已軟，皮已焦，容易剝落的程度。

❷ 將有點焦的茄子放進塑膠袋裡幾分鐘，讓它出水，待放涼後，抓住蒂頭，在水龍頭下沖水，一邊剝掉茄子皮，將茄子擠出水分，再把茄子肉剁成泥。

❸ 用一個碗，將中東芝麻醬和檸檬汁打在一起，剛打的時候，這兩者的混合物會很硬，接著會軟化變成綿密的糊狀。這時再加入濃稠的杏仁奶優格和茄子泥，把所有材料都拌均勻。

❹ 加入蒜頭與義大利扁葉香芹末（留一些香芹末做裝飾），並用鹽和黑胡椒調味，把所有材料混合均勻即成。

❺ 上桌前可淋上一點橄欖油以保持濕潤，再撒上之前保留的香芹末。

辣味核桃優格沾醬

這道自從中世紀以來就是阿拉伯人最喜愛的「果仁香椒醬」（muhammara），是由烤過的紅椒和核桃組成的辛辣美味沾醬，它還添加了氣味芬芳、味道濃烈又微酸的石榴糖漿。

紅椒	2 個
紅辣椒去籽（切碎）	2 個
蒜瓣（壓碎、加鹽）	2 瓣
未調味生核桃（切塊）	125 克
烤過的麵包粉	30 毫升
石榴糖漿	15 毫升
檸檬汁	半顆
糖	5 毫升
橄欖油	45 毫升
鹽	1 小撮
濃稠核桃奶優格	250 毫升
胡蘿蔔、芹菜、青紅椒類及嫩洋蔥等蔬菜棒（上菜時搭配食用）	

6 人份

廚師小叮嚀

準備濃稠核桃優格的方法見 58 頁，可以準備 475 毫升核桃奶。這道菜使用的優格必須夠濃稠，但也不能太濃稠，所以瀝乾的過程約 1 小時後就要檢查看看，至於製作這道沾醬要添加多少優格則悉聽尊便。

營養資訊：熱量 291 大卡；蛋白質 4.9 克；碳水化合物 22.2 克（其中糖占 11.9 克）；脂肪 20.9 克（其中飽和脂肪占 2.4 克）；膽固醇 0 毫克；鈣 36 毫克；膳食纖維 3.4 克；鈉 86 毫克。

❶ 將紅椒直接放在瓦斯上烤到表皮起皺，然後放進塑膠袋，等約 5 分鐘讓它出水，表皮鬆了，再把表皮剝掉，去籽、去柄，之後再把紅椒肉切得細碎。

❷ 用杵和臼把切碎的紅椒、紅辣椒、蒜頭、核桃一起搗成順滑的糊狀，也可以用食物調理機處理，但是不要持續地打，要按按停停，才能做出稍微粗糙，像手工搗出的濃度。

❸ 將麵包粉、石榴糖漿、檸檬汁和糖加入上面的紅椒核桃糊裡，淋上橄欖油，再繼續搗至濃稠又綿密。

❹ 加進濃稠的核桃奶優格，攪拌均勻，試試味道看需不需要再添加調味料。在沾醬上淋一點橄欖油，搭配胡蘿蔔、芹菜、青紅椒類及嫩洋蔥等蔬菜棒，一起上菜。

中東芝麻鷹嘴豆泥沾醬

這道很容易製做的鷹嘴豆泥沾醬富含蛋白質、維他命與礦物質，所以可以當成超級健康的點心或午餐——如果你是素食者的話。它可以搭配涼拌生菜，例如：芹菜、胡蘿蔔、小黃瓜等蔬菜棒、橄欖及一些烤過的口袋餅一起食用。

罐頭鷹嘴豆	225 克
蒜瓣（稍壓碎）	2 瓣
檸檬汁	90 毫升
中東芝麻醬 （參閱 77 頁食譜）	60 毫升
橄欖油	75 毫升
孜然粉	5 毫升
鹽與黑胡椒粉	適量
紅椒粉（裝飾用）	少許
涼拌生菜、口袋餅及橄欖 （搭配食用）	

4 人份

變化版：

若想要更有堅果味，可以用花生醬取代中東芝麻醬。

營養資訊：熱量 364 大卡；蛋白質 10 克；碳水化合物 15 克（其中糖占 3 克）；脂肪 29 克（其中飽和脂肪占 4 克）；膽固醇 0 毫克；鈣141 毫克；膳食纖維 2 克；鈉 8 毫克。

❶ 把鷹嘴豆瀝乾，保留罐頭裡的湯汁，把鷹嘴豆放進果汁機或食物調理機打成泥，必要時加一點之前保留的湯汁。

❷ 再把蒜頭、檸檬汁加進食物調理機裡，和❶一起打到非常細滑，接著刮下調理機內壁的醬，加進中東芝麻醬，再次用調理機攪打。

❸ 在調理機仍在運做的情況下，慢慢的從進料管或蓋子上加進 45 毫升（3 湯匙）橄欖油、孜然粉以及黑胡椒粉等調味料，充分攪拌均勻。

❹ 用湯匙把完成的鷹嘴豆泥沾醬舀入碗中，用保鮮膜覆蓋，放冰箱冷藏。

❺ 當要享用這道點心時，淋上一點橄欖油，撒上紅椒粉裝飾，然後搭配涼拌生菜及稍微烘烤過的口袋餅和橄欖，一起食用。

海鮮腰果泥

這道特別的沾醬源自巴西傳統的名菜「巴西菜」（Vatapa），可以當作開胃菜，也可當作做主菜，還可以多加一點魚湯或椰奶，稀釋成一道濃湯，再搭配硬皮麵包食用。

魚高湯	600 毫升
白肉魚魚片	450 克
蝦米	65 克
去皮未調味的烤花生	75 克
未調味的烤腰果	75 克
隔夜的法國麵包 ½ 條 （撕成碎片，浸在 475 毫升腰果奶中）	
磨碎的生薑	2.5 毫升
現磨肉豆蔻	1.5 毫升
萊姆汁	30 毫升
椰子油	15 毫升
椰奶	150 毫升
辣椒醬	5 毫升
鹽和黑胡椒粉	適量
煮熟的明蝦（裝飾用）	數隻
萊姆瓣（裝飾用）	數個

8 人份

變化版：

這道菜如果想以經濟一點的方式料理，可以用花生醬取代腰果奶。

營養資訊：熱量 422 大卡；蛋白質 27.3 克；碳水化合物 48.6 克（其中糖占 5.9 克）；脂肪 14.7 克（其中飽和脂肪占 3.7 克）；膽固醇 67 毫克；鈣 210 毫克；膳食纖維 2.7 克；鈉 918 毫克。

1 用中等大小的鍋子把魚高湯加熱，放進魚片煮 3-5 分鐘至剛剛熟的程度。

2 用漏勺把魚撈到盤子裡，保留魚湯。當魚肉放涼至可以調理時，將魚肉剔成薄片，放旁邊備用。

3 將蝦米、花生和腰果放進食物調理機，打到非常細，接著把之前浸泡在腰果奶裡的麵包水分擠出來，保留這些水，將麵包和魚肉一起放進食物調理機，打成順滑的泥。

4 將打好的菜泥刮進鍋裡，再逐漸加入之前保留的腰果奶，份量以達到喜愛的濃稠度為準，必要時還可以加入之前保留的魚高湯。

5 拌入磨碎的生薑和大豆蔻、萊姆汁及椰子油，繼續煮 2 分鐘，接著加入椰奶和辣椒醬，繼續煮 4 分鐘即可，舀進碗裡，用煮熟的明蝦及萊姆瓣裝飾，即可上菜。

黑線鱈鮭魚法國派佐腰果奶油

法國派是夏日餐點中最重要的一道菜，這裡介紹的法國派搭配茴香腰果奶油，非常美味可口，其中添加的濃稠腰果奶則是為了讓魚肉保持濕潤。

葵花油（塗抹用）	15 毫升
橡木燻鮭魚片	350 克
去皮黑線鱈魚片	900 克
鹽與白胡椒粉	適量
蛋（稍打散）	2 個
濃稠腰果奶	90 毫升
酸豆（瀝乾）	30 毫升
綠胡椒粒 或粉紅胡椒粒（瀝乾）	30 毫升
茴香腰果奶油（上菜時添加）	
胡椒粒	少許
茴香葉和芝麻葉（裝飾用）	少許

10-12 人份

廚師小叮嚀

製作茴香腰果奶油的方法可參見第 80 頁腰果奶油食譜，然後拌入 45 毫升（3 湯匙）切碎的茴香即成。

❶ 烤箱設定 200℃（400 ℉）預熱，在 1 公升的吐司麵包模或陶製方型器皿上抹油，用一些鮭魚片鋪滿容器底部，並讓一些鮭魚片的尾端超出模子，剩餘的鮭魚片先保留。

❷ 切兩條約等於模子長度的黑線鱈魚薄片，放旁邊備用。其餘的黑線鱈魚則切成小塊，並用鹽與胡椒調味。

❸ 將蛋汁、濃稠的腰果奶、酸豆和綠或粉紅胡椒粒混合，添加調味料，拌入黑線鱈魚塊，將拌勻的材料舀進模子裡至三分之一滿，用橡皮鏟將表面抹平。

❹ 用之前準備的煙燻鮭魚片包住黑線鱈魚片，平放到模子上面，再用剩餘的❸填滿模子，將表面弄平。接著用煙燻鮭魚片蓋在上面，最後用雙層鋁箔緊緊蓋住，輕敲模子讓食材壓紮實。

❺ 將模子放進烤盤裡，周圍加沸水至邊緣的一半高，再將整個烤盤放進烤箱，烹煮 45 分至 1 小時，直到食材定型。

❻ 將模子從烤盤上拿出來，但是不要掀開鋁箔，要在鋁箔上放置 2-3 個大又重的罐頭，壓住並等它涼，再放進冰箱冷藏 24 小時。

❼ 上菜的 1 小時前，將模子從冰箱取出，以倒蓋的方式小心取出法國派，再切成厚片，即可上菜。上面用茴香腰果奶油、胡椒粒及茴香葉和芝麻葉裝飾。

營養資訊：熱量 173 大卡；蛋白質 24.3 克；碳水化合物 4.1 克（其中糖占 2.2 克）；脂肪 7.2 克（其中飽和脂肪占 1.4 克）；膽固醇 76 毫克；鈣 33 毫克；膳食纖維 0.3 克；鈉 676 毫克。

花生醬豆腐煎餅

這些美味可口富含蛋白質的餡餅,適合當作素食者週三(一週的中間)的餐點,上菜時搭配稍蒸熟的綠葉蔬菜或五彩繽紛的綜合沙拉。

糙米	90 克
蔬菜油	15 毫升
洋蔥末	1 顆
蒜瓣(壓碎)	1 瓣
去皮未調味生花生	115 克
顆粒花生醬	115 克
板豆腐	250 克
醬油	30 毫升
香菜或荷蘭芹末	1 小把
橄欖油(煎餅用)	30 毫升
番茄、紅洋蔥沙拉或蒸熟綠葉蔬菜(搭配食用)	

4 人份

營養資訊: 熱量 170 大卡;蛋白質 3.6 克;碳水化合物 23 克(其中糖占 11.2 克);脂肪 7.5 克(其中飽和脂肪占 0.8 克);膽固醇 0 毫克;鈣 70 毫克;膳食纖維 9.8 克;鈉 16 毫克

❶ 按照包裝上的說明,將糙米煮軟。用一個厚重大平底鍋熱蔬菜油,以小火炒洋蔥及蒜頭,炒 5 分鐘左右,直到軟化和變成金黃色。

❷ 將花生平鋪在烤盤上,放在烤架裡烤幾分鐘,直到變成褐色。將花生、花生醬、洋蔥、蒜頭、糙米飯、豆腐、醬油及新鮮香菜或荷蘭芹,放進果汁機或食物調理機打到變成濃稠的糊狀。

❸ 將打好的食材平分為 8 小堆,並作成圓型煎餅形狀或方型。

❹ 用大而厚重的平底鍋,將橄欖油加熱,開始煎餡餅,每一面約煎 5-10 分鐘,直到全部熟透,表皮呈金黃色,必要時分成兩批煎。

❺ 煎好的餡餅放在廚房紙巾上,把油瀝乾,在煎第二批餅時,將第一批煎好的保溫。等全部煎好後,配上番茄及紅洋蔥沙拉或蒸熟的綠葉蔬菜,即可上菜。

雞肉沙嗲串燒

醃過的烤雞肉串，搭配花生沾醬，在全東南亞都是非常受歡迎的點心，所有的材料都可以前一天就先準備好。

雞胸肉片（切成 4×2.3×1 公分見）	350 克
竹籤（浸泡在水裡）	12-16 支
義大利扁葉香芹（裝飾用）	

醃醬材料：

香菜粉	10 毫升
孜然粉	10 毫升
薑黃粉	2.5 毫升
辣椒粉	2.5 毫升
椰奶	120 毫升
鹽	2.5 毫升
糖	5 毫升
葵花油	30 毫升

醬汁材料：

濃縮椰漿（切大塊）	50 克
有濕度的黑糖	5 毫升
顆粒花生醬	90 毫升
醬油	30 毫升
乾辣椒片	1.5 毫升
蒜瓣（壓碎）	1 個
香茅末或檸檬皮末	5 毫升

12-16 支

營養資訊：熱量 80 大卡；蛋白質 6.8 克；碳水化合物 1.4 克（其中糖占 1 克）；脂脂 5.3 克（其中飽和脂肪占 2.6 克）；膽固醇 15 毫克；鈣 4 毫克；膳食纖維 0 克；鈉 167 毫克。

❶ 將所有製作醃醬的材料放進一個非金屬的盤子裡拌勻，再加進雞肉，蓋上蓋子，放進冰箱醃數小時或一夜。

❷ 醬汁的作法：將濃縮椰漿放進耐熱的碗裡，然後倒進 300 毫升滾水，攪拌至融化，再加糖繼續攪拌。

❸ 再加進花生醬、醬油、辣椒片、蒜頭、香茅草或檸檬皮拌勻，在室溫下放涼且濃稠。

❹ 每支竹籤串 3-4 塊雞肉，要串得緊密，放到炭火上烤或放進熱烤架上烤 8 分鐘，中間翻一次面。

❺ 將烤好的沙嗲串燒在盤子上擺好，用義大利扁葉香芹末裝飾，搭配花生沾醬食用。

加多加多沙拉（GADO-GADO）

這道素食沙拉源自於印尼，但是在馬來西亞和新加坡也很受歡迎。它因為加了顆粒花生醬與椰漿而顯得味道更為出色。

沙拉材料

小黃瓜	½ 條
梨子（或 175 克豆薯）	2 顆
蘋果	1-2 顆
檸檬汁	½ 顆
綜合生菜	適量
小番茄（切瓣）	6 顆
新鮮鳳梨（去心，切瓣）	3 片
全熟水煮蛋	3 顆
雞蛋麵（煮熟冷卻切段）	175 克
油炸洋蔥	適量

花生醬汁材料

新鮮的辣椒（去籽，切碎） 或參巴辣椒醬	2 根 15 毫升
椰奶	300 毫升
顆粒花生醬	350 克
黑醬油	15 毫升
非洲黑糖	10 毫升
羅望子水 （5 毫升羅望子果肉浸在 45 毫升的溫水）	
去皮未調味的碎花生	30 毫升

6 人份

❶ 花生醬汁的作法：將切碎的辣椒或參巴辣椒醬放進小鍋，倒進椰奶，再拌入花生醬，用小火加熱，攪拌直到拌勻。

❷ 繼續煮醬汁，不停地攪拌，直到快要沸騰，再拌入醬油及非洲黑糖。把羅望子水瀝出來加進去，濾網上的果肉則丟棄。把所有的湯汁混合均勻。

❸ 關火，將花生醬汁舀進碗裡，上面撒上碎花生。

❹ 調配沙拉的作法：把小黃瓜的心挖除，梨子或豆薯削皮，把它們削成火柴棒大小，再把蘋果心去除，果肉切絲，並撒上檸檬汁，以免蘋果絲變色。

❺ 在一個大盤子上或香蕉葉的一角鋪一層綜合生菜，再鋪上水果與蔬菜，加進切好的蛋、麵條及油炸洋蔥。

❻ 在每一份餐盤上淋上花生醬汁，立即上菜。

營養資訊：熱量 240 大卡；蛋白質 13.5 克；碳水化合物 17.3 克（其中糖占 12.5 克）；脂肪 13.1 克（其中飽和脂肪占 3.4 克）；膽固醇 166 毫克；鈣 73 毫克；膳食纖維 5.9 克；鈉 611 毫克。

變化版： 花生醬汁水果沙拉（6 人份）

將 1 顆青芒果、1 顆木瓜及 2 顆楊桃切絲，將半顆鳳梨去心切大塊；半顆柚子剝成一瓣瓣；1 條小黃瓜去籽、削皮切絲；一顆豆薯切絲。將上述材料和一把豆芽菜及花生醬汁一起拌和，即可上桌。

營養資訊：熱量 321 大卡；蛋白質 12.3 克；碳水化合物 30 克（其中糖占 27.2 克）；脂肪 17.7 克（其中飽和脂肪占 3.3 克）；膽固醇 8 毫克；鈣 91 毫克；膳食纖維 6.2 克；鈉 81 毫克。

芽菜沙拉佐腰果奶油

豆類與穀物催芽以後，所含的營養成分會大大地提高，成為維他命 C 和 B 的極佳來源，這道沙拉搭配了蛋白質豐富的腰果奶油沙拉醬，立刻將一道簡單的沙拉變成營養滿分的餐點。

未調味生腰果	115 克
小黃瓜	½ 條
紅椒（去籽切丁）	1 個
綠豆、紅豆或鷹嘴豆芽	90 克
檸檬汁	½ 顆
荷蘭芹、香菜或羅勒（切末）	一小把
芝麻、葵花子或南瓜子 5 毫升	

1-2 人份

廚師小叮嚀

＊市面上出售的各式各樣芽菜，其中以豆芽菜最容易買到，在調製沙拉或其他菜式時，先用冷水沖洗乾淨。

＊選購時要挑種子或豆子附著在上面的鮮脆芽菜，避免出現黏糊或霉味的商品。買回來的芽菜裝在塑膠袋裡冷藏，可保存 2 天左右。

營養資訊： 熱量 402 大卡；蛋白質 14.7 克；碳水化合物 18.9 克（其中糖占 10.1 克）；脂肪 30.2 克（其中飽和脂肪占 6 克）；膽固醇 0 毫克；鈣 86 毫克；膳食纖維 5.2 克；鈉 181 毫克。

❶ 將腰果放進耐熱的碗裡，倒進 100 毫升滾水，然後用保鮮膜蓋起來，放著浸泡數小時，最好是放進冰箱泡一夜，直到軟化。

❷ 將腰果連同浸泡水放進果汁機或食物調理機，打成順滑的醬，必要時可以多加一些水，避免太稠。

❸ 依縱向把小黃瓜的皮削掉，讓它有條紋的感覺，再把小黃瓜切丁。

❹ 把切丁的紅椒、芽菜、小黃瓜和檸檬汁放進碗裡，一起搖勻。

❺ 淋上腰果奶油沙拉醬，撒上一些新鮮香草和種子，立即享用。

雞肉沙拉佐椰子奶油

這道泰式沙拉搭配的醬是椰子奶油調製的，加了萊姆汁讓味道更鮮活，魚露則帶來獨特的風味，由於雞肉事先醃過，因此極為軟嫩，也使得整道菜更加可口，這道沙拉適合上菜之前現做，這樣萵苣才能保持鮮脆。

去皮、去骨的雞胸肉	4 塊
蒜瓣（壓碎）	2 瓣
醬油	30 毫升
蔬菜油	30 毫升
椰子奶油	120 毫升
泰式魚露	30 毫升
萊姆汁	1 顆
紅糖	30 毫升
荸薺（切薄片）	115 克
未調味生腰果（烘烤切塊）	50 克
紅蔥頭（切薄片）	4 個
泰國青檸葉（切薄片）	4 片
香茅（切薄片）	1 根
南薑末	5 毫升
紅辣椒（去籽，切末）	1 根
嫩洋蔥（切薄片）	2 根
新鮮薄荷葉（撕碎）	10-12 片
萵苣（撕開葉片）	1 顆
去籽切片的紅辣椒（裝飾用）	2 根

4-6 人份

營養資訊：熱量 349 大卡；蛋白質 24.3 克；碳水化合物 11.5 克（其中糖占 9.8 克）；脂肪 23.2 克（其中飽和脂肪占 12.3 克）；膽固醇 43 毫克；鈣 49 毫克；膳食纖維 1.7 克；鈉 200 毫克。

❶ 將雞胸肉放進大盤子裡，抹上蒜頭、醬油和 15 毫升（1 湯匙）的油，用保鮮膜包起來，放進冰箱醃 1-2 小時。

❷ 將剩下的油放入炒菜鍋或平底鍋煎雞肉，每一面煎 3-4 分鐘，或是直到煎熟，盛起放旁邊備用。

❸ 用另外一個鍋，將椰子奶油、魚露、萊姆汁及糖加熱，不停攪拌直到糖融化，放一旁備用。

❹ 將雞肉撕成條狀，放進碗裡，再加進荸薺、腰果、紅蔥頭、泰國青檸葉、香茅、南薑、紅辣椒、嫩洋蔥及薄荷葉。

❺ 把❸倒進❹並搖勻，上菜時，盤底先鋪上萵苣葉，再倒進雞肉沙拉。喜歡的話，可以用紅辣椒裝飾。

南瓜花生椰奶咖哩

這道濃郁、又甜又辣、香氣十足的泰式咖哩，不論是肉食者或素食者都非常喜愛，可以搭配印度香米或麵條當作晚餐。

花生油	30 毫升
蒜瓣（壓碎）	4 瓣
紅蔥頭（切碎）	4 個
黃咖哩醬	30 毫升
泰國青檸葉（撕碎）	2 片
南薑末	15 毫升
去皮去籽的南瓜丁	450 克
地瓜	225 克
蔬菜高湯	400 毫升
椰奶	300 毫升
栗子菇（切薄片）	90 克
醬油	15 毫升
泰式魚露	30 毫升
未調味烤熟的碎花生	90 克
烤熟的南瓜子	50 克
綠或紅辣椒花（裝飾用）	

4 人份

廚師小叮嚀

做辣椒花的方法：握住辣椒的莖，直向縱切一半，保持柄這一端的完整，把辣椒繼續縱切幾道，變成一條條的狀態，就成了一朵辣椒花。

營養資訊：熱量 357 大卡；蛋白質 12.1 克；碳水化合物 28 克（其中糖占 14 克）；脂肪 22.6 克（其中飽和脂肪占 3.8 克）；膽固醇 0 毫克；鈣 103 毫克；膳食纖維 5.5 克；鈉 1121 毫克。

❶ 用大鍋開中火熱油，加入蒜頭、紅蔥頭，拌炒 10 分鐘，直到軟化，開始呈現金黃色。

❷ 把黃咖哩醬加進鍋中，以中火拌炒 30 秒，直到香味出來。

❸ 加入青檸葉、南薑、南瓜及地瓜，再拌入熱高湯及 150 毫升椰奶，煮到滾後再把火關小，用小火煨 15 分鐘。

❹ 再拌入栗子菇、醬油及泰式魚露，然後加進花生及剩餘的椰奶，蓋上鍋蓋，煮 15-20 分鐘，或直到所有蔬菜都軟化。

❺ 將完成的椰奶咖哩舀入溫過的碗裡，用南瓜子、辣椒花裝飾，立即上菜。

蔬菜佐辣花生醬

烤過的蔬菜增加了香氣,也帶出了甜味,再搭配口感與氣味截然不同的辣花生醬,美味更上一層樓。

主材料

長茄子（部分削皮切成長條狀）1 根	
櫛瓜（部分削皮切成長條）	2 根
地瓜（切成長條）	1 顆
青蒜（縱橫剖半）	2 根
蒜瓣（切碎）	2 瓣
薑（削皮切碎）	25 克
鹽	適量
蔬菜油或花生油	60 毫升
未調味烤熟的碎花生（裝飾用）	
	30 毫升
新鮮硬皮麵包（搭配食用）	

花生沾醬材料

蒜瓣（切碎）	4 瓣
紅辣椒（去籽切碎）	2-3 根
蝦醬	5 毫升
顆粒花生醬	115 克
鹽和黑胡椒粉	適量

<u>4 人份</u>

營養資訊：熱量 435 大卡；蛋白質 14.9 克；碳水化合物 22.7 克（其中糖占 10.7 克）；脂肪 32.3 克（其中飽和脂肪占 6.2 克）；膽固醇 6 毫克；鈣 97 毫克；膳食纖維 7.8 克；鈉 180 毫克。

❶ 將烤箱設定在 200℃（400 ℉）預熱,把準備好的蔬菜排放在淺烤盤上。

❷ 用杵和臼或食物調理機,將蒜和薑搗成泥,然後平均塗在蔬菜上面,再撒一些鹽,接著倒油。

❸ 將淺烤盤放進烤箱烤約 45 分鐘,直到蔬菜變軟,變成淺咖啡色。在烘烤的中途,把蔬菜浸到油裡面。

❹ 製作花生沾醬,可以用杵和臼或食物調理機,把蒜頭和辣椒磨成泥,然後加進其餘材料一起打,再按口味添加鹽和胡椒,最後加水一起打,打到呈可以流動的奶油狀（含水量約占一半）的黏稠度。

❺ 將烤好的蔬菜擺在盤子裡,上面淋上花生沾醬,再用花生粉裝飾,趁熱搭配硬皮麵包食用。

蘑菇櫛瓜杏仁奶千層麵

這道加了杏仁醬的健康蔬食，無論是作為家常菜或是聚會大餐都很理想，因為數小時前就可以先準備起來。

主材料

未經預煮的千層麵	8 張
新鮮比薩草（裝飾用）	

番茄醬材料

乾牛肝菌	15 克
熱開水	120 毫升
橄欖油	30 毫升
洋蔥末	1 個
紅蘿蔔丁	1 根
芹菜莖丁	1 根
罐頭番茄丁	800 克
番茄泥	15 毫升
乾羅勒	5 毫升

綜合蔬菜材料

橄欖油	45 毫升
櫛瓜（切薄片）	450 克
鹽與黑胡椒粉	適量
洋蔥末	1 顆
栗子菇（切薄片）	450 克
蒜瓣（壓碎）	2 瓣

白醬材料

葵花子人造奶油	40 克
中筋麵粉	40 克
杏仁奶	900 毫升
鹽和黑胡椒粉（按口味添加）	

6 人份

❶ 番茄醬的作法：把乾牛肝菌放進碗裡，倒入熱開水浸泡 15 分鐘，準備大碗並放上濾網，將浸泡的牛肝菌和浸泡水倒進去，並用手擠壓牛肝菌，讓汁液盡量擰出來，再將牛肝菌切細，放旁邊備用。接著把浸泡水用細網再過濾一遍，保留起來。

❷ 加熱橄欖油，加入切碎的洋蔥、紅蘿蔔、芹菜，一起炒約 10 分鐘，直到軟化，再連同番茄、番茄泥、乾羅勒、牛肝菌及牛肝菌浸泡水一起放進食物調理機，打成泥。

❸ 綜合蔬菜處理方法：加熱 15 毫升橄欖油，加進一半的櫛瓜薄片，按口味調味，用中火炒 5-8 分鐘，直到兩面顏色都稍微變深，再將櫛瓜用碗盛起來，重複以上的步驟熱油及炒剩餘的櫛瓜。

❹ 將剩下的 15 毫升橄欖油下鍋加熱，放進洋蔥拌炒 3 分鐘，加入栗子菇和蒜頭，炒 5 分鐘，再放進❸。

❺ 白醬的作法：用大鍋子將人造奶油融化，加入麵粉，拌炒 1 分鐘，漸次加進杏仁奶，煮到滾，不停地攪拌，直到醬變成柔滑濃稠，加調味料調味。

❻ 烤箱設定在 190℃（375 ℉）預熱，將一半的番茄醬舀進耐熱的淺烤盤，鋪滿盤子底部後平均鋪上一半的綜合蔬菜，再鋪上三分之一的白醬，接著鋪上 4 張千層麵，超出盤子的部分就撕掉，再重複一次這樣的程序，最後淋上剩的白醬。

❼ 將烤盤放進烤箱烤約 30-45 分鐘，直到上層開始冒泡泡，呈金黃色，千層麵也變軟，用新鮮的比薩草裝飾，即可上菜。

營養資訊：熱量 477 大卡；蛋白質 14.5 克；碳水化合物 66.8 克（其中糖佔 11.6 克）；脂肪 18.8 克（其中飽和脂肪占 2.7 克）；膽固醇 5 毫克；鈣 85 毫克；膳食纖維 9.1 克；鈉 219 毫克。

義大利手工蛋黃麵佐杏仁奶油拉古醬

這道義大利麵加了酒、檸檬及杏仁奶油醬，它可以採用任何白肉來製作，例如土雞肉或豬肉片。

橄欖油	30 毫升
洋蔥末	1 個
芹菜莖末	1 根
去骨雞肉丁	400 克
檸檬（擠汁皮磨碎）	½ 顆
不甜的白酒	250 毫升
已調味雞高湯	175 毫升
鹽和黑胡椒粉	適量
義大利手工蛋黃麵	400 克
荷蘭芹末	30 毫升
磨碎的檸檬皮（裝飾用）	少許
杏仁奶油	175 毫升

4 人份

營養資訊：熱量 803 大卡；蛋白質 45.1 克；碳水化合物 77 克（其中糖占 11.2 克）；脂肪 30.6 克（其中飽和脂肪占 0.8 克）；膽固醇 70 毫克；鈣 57 毫克；膳食纖維 4.9 克；鈉 276 毫克

❶ 用平底鍋將橄欖油加熱，加進洋蔥、芹菜，一起輕輕拌炒 10 分鐘或直到變軟。

❷ 加進雞肉一起拌煮，將雞肉煮到全部變成淡褐色。

❸ 再加進檸檬汁和磨碎的檸檬皮拌勻，並加入白酒大火煮 30-35 分鐘，讓酒精蒸發，再把火關小。

❹ 加入雞高湯，按口味添加調味料，繼續燉煮，經常拌一拌，必要時加入更多雞高湯，煮約 1 小時，直到雞肉變軟。

❺ 煮雞肉的同時，用滾開的鹽水，按照包裝上的說明，煮義大利手工蛋黃麵。

❻ 在雞肉湯中加入 15 毫升（1 湯匙）荷蘭芹和杏仁奶油，攪拌均勻，再次加熱，然後拌入蛋黃麵即成。可用磨碎的檸檬皮和剩下的荷蘭芹裝飾。

四川芝麻擔擔麵

這道四川擔擔麵是中國民間最叫座的小吃，包含美味的雞蛋麵，配上新鮮蔬菜及芝麻醬。

雞蛋麵（新鮮雞蛋麵450克）	225 克
小黃瓜（縱切成薄片，去籽切丁）	¼ 條
嫩洋蔥（切細絲）	4-6 個
小紅蘿蔔（切薄片）	1 束
白蘿蔔（去皮磨碎）	225 克
豆芽菜（放進冰水再瀝乾）	115 克
花生油或葵花油	60 毫升
蒜瓣（壓碎）	2 瓣
中式芝麻醬（食譜參照 77 頁）	45 毫升
麻油	15 毫升
淡醬油	15 毫升
辣椒醬	5-10 毫升
米醋	15 毫升
雞高湯或水	120 毫升
糖	5 毫升
鹽與黑胡椒粉	適量
未調味烤熟的花生或腰果（裝飾用）	少許

3-4 人份

營養資訊： 熱量 440 大卡；蛋白質 11 克；碳水化合物 44.6 克（其中糖占 4.6 克）；脂肪 25.4 克（其中飽和脂肪占 4.1 克）；膽固醇 17 毫克；鈣 128 毫克；膳食纖維 4.2 克；鈉 384 毫克。

1 如果用的是新鮮的麵條，就用滾水煮 1 分鐘後撈起瀝乾，用冷水沖洗，再次瀝乾。若煮乾麵條，則按照包裝上的說明調理，瀝乾和沖洗的步驟則和新鮮麵條一樣。

2 小黃瓜撒上一些鹽，靜置 15 分鐘，然後沖洗、瀝乾、用廚房紙巾拍乾，放進大沙拉碗，再加進準備好的洋蔥、小紅蘿蔔、白蘿蔔及豆芽菜，輕輕搖勻。

3 用炒鍋或平底鍋，將一半的油加熱，把麵放下去拌炒 1 分鐘左右，再盛進上菜用的碗裡，並保溫。

4 把剩下的油放入炒鍋，拌炒蒜頭 1-2 分鐘，然後移開爐火，拌入芝麻醬、麻油、醬油及辣椒醬、醋和高湯或冷開水，按口味添加調味料及糖，再把醬料稍稍加熱，注意不要過熱，否則醬汁會太濃稠。

5 把醬拌進麵條裡，上面用花生或腰果裝飾，再搭配準備好的蔬菜食用。

辣豆子杏仁奶玉米蔬菜燒

這是一道餡料豐富的「一鍋料理」，不需其他的佐餐食物。本食譜中加在玉米麵包餡料裡的是未經過濾的杏仁奶，為這道餐點增加蛋白質並增添了風味。

乾的紅色花豆（浸泡一夜）	115 克
乾米豆（浸泡一夜）	115 克
月桂葉	1 片
蔬菜油	15 毫升
洋蔥末	1 顆
蒜瓣（壓碎）	1 個
孜然粉	5 毫升
辣椒粉	5 毫升
淡紅椒粉	5 毫升
乾馬郁蘭草	2.5 毫升
綜合蔬菜（馬鈴薯、紅蘿蔔、茄子等）	450 克
歐洲防風草和芹菜	適量
蔬菜高湯塊	1 個
罐頭番茄丁	400 克
番茄泥	15 毫升
鹽和黑胡椒粉	適量
細玉米麵粉	250 克
全麥麵粉	30 毫升
泡打粉	7.5 毫升
鹽	1 小撮
蛋（再加 1 顆蛋黃，打散）	1 顆
未過濾杏仁奶	300 毫升

4 人份

營養資訊：熱量 273 大卡；蛋白質 16.1 克；碳水化合物 44.2 克（其中糖占 16.6 克）；脂肪 4.8 克（其中飽和脂肪占 0.7 克）；膽固醇 0 毫克；鈣 12.2 毫克；纖維 17.9 克；鈉 300 毫克。

❶ 把所有的豆子都沖洗乾淨，連同 600 毫升冷水和月桂葉放進鍋子裡。用大火滾 10 分鐘，再把爐火關小，蓋上鍋蓋，燉 20 分鐘。

❷ 在這同時，用一個大鍋熱油，加入洋蔥煮 7-8 分鐘，再加進蒜頭、孜然粉、辣椒粉、淡紅椒粉及馬郁蘭草，煮 1 分鐘。這時再把❶加進來，把爐火關到最小，蓋上鍋蓋，燜煮 10 分鐘。

❸ 將蔬菜切成 2 公分大小，加進❷，請注意馬鈴薯和歐洲防風草要全部浸到湯汁中，蓋上鍋蓋，再燉煮 15 分鐘或是蔬菜快要軟化的程度。

❹ 把高湯塊弄碎放進水壺裡，再舀入熱湯，攪拌讓它融化，接著連同番茄及番茄泥倒進鍋裡，混合均勻，然後將蔬菜及豆子等所有混合食材倒入耐熱的烤盤裡。

❺ 將烤箱設定 200℃（400 ℉）預熱。調配最上層配料的方法是：把玉米麵粉、全麥麵粉、泡打粉及鹽放進碗裡，混合均勻，再在中間挖一個洞，倒入蛋汁、杏仁奶，再拌勻，然後倒在❹上面，烘烤 20-25 分鐘，直到固定成型，且變成棕色。

青蒜榛果奶塔

這道點心，用榛果醬做的酥脆派皮，填上豐富的軟青蒜和豆腐作成的榛果卡士達餡料，搭番茄和紅洋蔥沙拉，熱熱吃或涼涼地食用皆宜。

人造奶油（室溫軟化）	115 克
淡香榛果醬	25 毫升
中筋麵粉	175 克
青蒜（切薄片）	350 克
橄欖油	15 毫升
蛋（稍打散）	5 顆
濃稠榛果奶	400 毫升
完整顆粒芥茉子醬	15 毫升
鹽與黑胡椒粉	適量
板豆腐（瀝乾弄碎）	250 克

6 人份

營養資訊： 熱量 575 大卡；蛋白質 29.8 克；碳水化合物 38.5 克（其中糖占 4 克）；脂肪 35.5 克（其中飽和脂肪占 5.4 克）；膽固醇 193 毫克；鈣 228 毫克；膳食纖維 3.2 克；鈉 243 毫克。

❶ 將人造奶油和榛果醬放進碗裡拌勻，再將這些醬移到烘焙紙上，冷藏 30 分鐘（或冷凍 10 分鐘），等它變硬。

❷ 將麵粉篩進碗裡，再將❶揉進麵粉，直到麵粉變成像麵包屑的樣子，再撒進 30 毫升（2 湯匙）冷開水，揉捏成糰。

❸ 把麵糰擀平，鋪在直徑 25 公分的派模上，冷藏 10-25 分鐘或直到要進烤箱時再拿出來。

❹ 把烤盤放進烤箱，設定 200℃（400℉）預熱。把青蒜放進油裡燜 10 分鐘，直到變軟。

❺ 在派皮底部刺幾個洞，再鋪上烘焙紙和紅豆等乾豆子，以避免派皮膨脹，然後將派皮放進已烤熱的烤盤上，烤 10 分鐘，拿掉烘焙紙和乾豆子，在派皮上刷一點蛋汁，再放回烤箱烤 4 分鐘。

❻ 將剩餘的蛋汁和榛果奶、芥茉醬、調味料拌勻，再拌進青蒜和豆腐，接著把這些混合好的材料倒進派皮裡，再把整個派放進預熱的烤箱，烘烤 30 分鐘，直到定型並呈金黃色。

魚片杏仁奶濃湯

用杏仁濃湯來做咖哩，是從蒙兀兒朝代一直傳承下來的印度傳統料理。

硬白魚肉片，例如吳郭魚（去皮去骨）	675 克
檸檬汁	30 毫升
鹽	5 毫升
番紅花（搗過）	1 大束
熱杏仁奶	30 毫升
淡香杏仁醬	50 克
葵花油或淡橄欖油	45 毫升
綠小豆蔻莢（打碎）	4 根
丁香	2 支
月桂葉	1 片
洋蔥細末	1 顆
蒜泥	10 毫升
薑泥	10 毫升
辣椒粉	2.5-5 毫升
紅或綠辣椒（裝飾用）	
印度香米或肉菜飯（搭配食用）	

4 人份

營養資訊： 熱量 320 大卡；蛋白質 34.8 克；碳水化合物 7.4 克（其中糖占 3.3 克）；脂肪 17.6 克（其中飽和脂肪占 2.1 克）；膽固醇 78 毫克；鈣 30 毫克；膳食纖維 3.3 克；鈉 104 毫克。

❶ 將魚肉切成 5 公分的魚片，撒上檸檬汁和鹽，放盤子裡，蓋上蓋子，放冰箱冷藏 20 分鐘。

❷ 把番紅花弄碎放進碗裡，倒入熱杏仁奶，浸泡 15 分鐘。再將杏仁醬放進玻璃壺或冷水壺裡，慢慢加入 150 毫升滾水，把杏仁醬調成稀奶油的濃度，再混合番紅花奶，然後放一旁備用。

❸ 用厚重的平底鍋熱油，放入小豆蔻、丁香、月桂葉，爆香約 1 分鐘，直到小豆蔻莢脹起來，接著加進洋蔥，把爐火轉為中火，不斷拌炒食材，炒到軟而還沒有變成棕色的程度，再加入蒜和薑，繼續炒約 1 分鐘。

❹ 拌入辣椒粉，然後倒進 200 毫升熱開水攪拌，然後加入魚片，鋪成單層，把爐火轉成小火，繼續煮 2-3 分鐘，這時再把❷倒在魚片上，輕輕地把湯汁混合均勻，再燉煮 3-4 分鐘，直到醬汁已稍微濃稠。

❺ 移開爐火，把完成的料理倒進溫過的盤子裡，用紅或綠辣椒絲裝飾，搭配蒸熟的印度香米飯或肉菜飯一起食用。

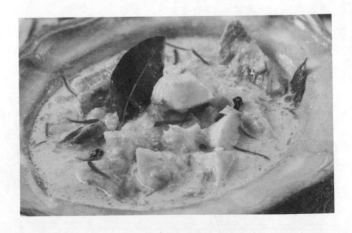

明蝦罌粟子腰果奶濃湯

這道菜從醃明蝦開始調理，接著用濃郁的醬汁和勾芡用的腰果醬一起燉煮幾分鐘即成。

明蝦（剝皮去腸泥）	500 克
檸檬汁	45 毫升
薑黃粉	2.5 毫升
腰果醬	50 克
白罌粟子	30 毫升
葵花油或淡橄欖油	60 毫升
洋蔥末	1 顆
薑泥	10 毫升
蒜泥	10 毫升
綠辣椒·（切碎）	1-3 支
辣椒粉	2.5-5 毫升
鹽	5 毫升
熱開水或蔬菜高湯	200 毫升
紅辣椒和綠辣椒（裝飾用）	少許

4 人份

廚師小叮嚀

蝦子去腸泥的方法：在蝦子背上緊沿著腸泥劃一刀，用刀尖把腸泥挑掉。

營養資訊：熱量 207 大卡；蛋白質 5.5 克；碳水化合物 8.7 克（其中糖占 3.9 克）；脂肪 17.5 克（其中飽和脂肪占 2.9 克）；膽固醇 24 毫克；鈣 27 毫克；膳食纖維 1.2 克；鈉 27 毫克。

❶ 將明蝦、檸檬汁和薑黃粉混合，放置 15 分鐘。

❷ 將腰果醬倒在玻璃壺或冷水壺裡，慢慢拌進 150 毫升滾水，將腰果醬調成低脂鮮奶油的濃度，變成稀腰果泥。

❸ 開中火把一個小的厚鍋預熱，然後乾烤罌粟子，直到烤乾發出劈啪聲，就移開爐火，放涼，再用咖啡磨豆機磨碎。

❹ 用一個厚重的鍋，開中火熱油，放入洋蔥炒 5 分鐘，直到變軟而還沒有變成棕色，加入薑、蒜和綠辣椒，煮 2-3 分鐘。然後再加進辣椒粉及鹽，輕輕拌炒 2 分鐘，接著倒入滾水或蔬菜高湯，再把爐火轉成小火，蓋上鍋蓋，煮 2-3 分鐘。

❺ 加入明蝦、腰果醬及罌粟子，攪拌得非常均勻，不蓋鍋蓋，燉煮 3-4 分鐘或煮到蝦子已熟，湯汁也稍微收乾的程度。

❻ 把蝦子和一些湯汁舀進溫過的碗裡，用辣椒絲裝飾，即可上菜。

核桃奶火雞

在這道食譜裡，火雞只用水稍稍煮熟，保存了雞肉的水份，才切成塊狀。低脂的醬汁是用洋蔥、蒜頭和核桃奶調製而成。

去皮火雞胸肉片	500 克
水	500 毫升
鹽	2.5 毫升
葵花油	15 毫升
洋蔥末（切末）	2 顆
蒜瓣（切末）	2 個
核桃醬	30 毫升
香菜粉	5 毫升
辣椒粉	1 小撮
未調味生核桃瓣（裝飾用）	適量
新鮮香菜葉（裝飾用）	適量

6 人份

變化版：

＊火雞胸肉片可以用一般雞胸肉片代替。

＊喜歡的話，醬汁裡可以加進切碎的新鮮香菜。

＊這道食譜改用榛果醬也很美味。

＊醬汁裡加進一些切碎的新鮮荷蘭芹，並用義大利扁葉香芹嫩枝做裝飾。

營養資訊：熱量 160 大卡；蛋白質 21.8 克；碳水化合物 6.9 克（其中糖占 3.7 克）；脂肪 5.5 克（其中飽和脂肪占 1.1 克）；膽固醇 58 毫克；鈣 22 毫克；膳食纖維 1.3 克；鈉 216 毫克。

❶ 將火雞肉放進中型鍋，倒進可以蓋過火雞的冷水，煮開後再關小爐火，燉煮 5 分鐘。必要的話，撈去表面的浮沫。加鹽，蓋上鍋蓋續煮 15 分鐘。撈起瀝乾，放一旁備用，鍋裡的水則保留。

❷ 用平底鍋把油加熱，加入洋蔥、蒜頭，炒 5 分鐘，直到變軟且尚未轉變成棕色，接著倒進食物調理機。

❸ 加入核桃醬、香菜粉和辣椒粉及一半❶留下的湯。用調理機打到順滑，再慢慢倒入更多的湯，直到變成醬料那樣的濃度，再把完成的湯汁倒進大碗。

❹ 把火雞肉切成 3 公分大小的雞塊，加進醬汁，攪拌一下，讓火雞肉都沾到醬汁。然後蓋起來冷藏一夜。上菜時，只需將火雞放進餐盤，可以加核桃瓣和香菜葉裝飾。

椰奶腰果奶優格火雞肉

「可馬」（Korma，是用浸泡於奶油醬的肉、魚、蔬菜作成的一種印度菜。）這道菜有許多版本，有些使用杏仁粉，有些使用一般的奶油，本書則使用腰果優格及椰奶，口感濃郁而不膩。

腰果奶優格	200 克
豆粉	10 毫升
薑泥	10 毫升
蒜泥	10 毫升
薑黃粉	2.5 毫升
辣椒粉	2.5-5 毫升
鹽	5 毫升
去皮火雞胸肉片（切成 5 公分）	675 克
蔬菜油	75 毫升
肉桂片	2.5 公分
綠小豆蔻莢（打碎）	6 支
丁香	6 個
月桂葉	2 片
洋蔥末	1 顆
芝麻（磨細）	15 毫升
椰奶	200 毫升
未調味生腰果（以 150 毫升滾水浸泡 20 分鐘）	50 克
新鮮現磨肉豆蔻	1.5 毫升
肉豆蔻皮粉	1.5 毫升
米飯（搭配食用）	

4 人份

營養資訊：熱量 504 大卡；蛋白質 44.7 克；碳水化合物 16.2 克（其中糖占 8.3 克）；脂肪 29.3 克（其中飽和脂肪占 4.1 克）；膽固醇 118 毫克；鈣 55 毫克；膳食纖維 2.1 克；鈉 313 毫克。

❶ 將腰果奶優格和豆粉拌均勻順滑（要確實拌勻，否則優格會凝結），再拌入薑泥、蒜泥、薑黃粉、辣椒粉和鹽，把這些醃醬倒到火雞塊上，攪拌均勻，蓋上蓋子，靜置 30 分鐘。

❷ 先保留 5 毫升的油，其餘倒進鍋裡，低溫加熱，加入肉桂、綠小豆蔻莢、丁香及月桂葉爆香，直到小豆蔻莢都脹起來，再加入洋蔥，稍微轉大爐火，炒 5 分鐘，直到變成半透明，然後拌入芝麻粉。

❸ 加進醃過的火雞肉，中火煮約 5 分鐘，直到火雞肉變色，倒入椰奶和 150 毫升溫開水，煮滾後再將爐火關小，蓋上鍋蓋，燉 20 分鐘或火雞肉已經變軟。

❹ 將腰果和浸泡水一起打成泥，加進❸，不蓋鍋蓋，繼續燉 5-6 分鐘，直到湯汁收乾變濃稠。

❺ 用一個小鍋把之前保留的油加熱，加入肉豆蔻粉和肉豆蔻皮粉，用小火煮 30 秒，再把爆香的油加進火雞肉裡，上菜時搭配米飯一起食用。

杏仁醬法式燉雞

這道鄉村風味的餐點在綿密的白酒杏仁醬汁裡，添加了洋蔥和洋菇，非常適合乳糖不耐症的人士。

小珍珠洋蔥或紅蔥頭	20 顆
葵花油	60 毫升
雞肉（切成小塊）	1.2-1.3 公斤
中筋麵粉	45 毫升
不甜的白酒	250 毫升
煮滾的雞高湯	600 毫升
綜合香料包	1 個
檸檬汁	5 毫升
鹽與黑胡椒粉	適量
洋菇	225 克
淡香杏仁醬	30 毫升
荷蘭芹末（裝飾用）	45 毫升

4 人份

廚師小叮嚀

想測一下雞肉是否煮熟，可以用烤肉叉或薄一點的刀子，刺一下肉最厚的部位，看看裡面是否已經沒有血水。香料包裡面包含荷蘭芹的莖、百里香的嫩枝及月桂葉，香料包要用繩子綁好。

營養資訊：熱量 686 大卡；蛋白質 45 克；碳水化合物 15.5 克（其中糖占 3.8 克）；脂肪 45.6 克（其中飽和脂肪占 10.1 克）；膽固醇 215 毫克；鈣 52 毫克；膳食纖維 3.8 克；鈉 154 毫克。

❶ 烤箱設定 180℃（350 ℉）預熱，把珍珠洋蔥（或紅蔥頭）放進碗裡，用滾水浸滿，放著浸泡。

❷ 用大的平底鍋把一半的油加熱，放入雞肉，用大火煎，不時翻炒一下，直到全部變成棕色，再把雞肉盛進大的砂鍋裡，湯汁不必放入。

❸ 將麵粉拌進剛才的湯汁裡，再拌進白酒，接著拌入雞高湯及香料包和檸檬汁。把混合的湯汁煮滾，不停的攪拌，直到湯變濃稠，添加調味料後倒進雞肉砂鍋裡，蓋上鍋蓋，整個放進烤箱，烘烤 1 小時。

❹ 把洋蔥或紅蔥頭瀝乾、剝皮。把洋菇的莖切除，平底鍋洗乾淨，把之前剩下的油倒進去，再加進洋菇、珍珠洋蔥或紅蔥頭，煮 5 分鐘，翻炒一下，直到稍微變為棕色，再把這些材料加進雞肉鍋裡。

❺ 再煮一個小時，直到雞肉煮熟。將雞肉與蔬菜盛到溫過的盤子裡，把杏仁醬及 30 毫升（2 湯匙）荷蘭芹加進醬汁裡，試一試味道，然後把醬汁淋上雞肉，再用荷蘭芹裝飾。

杏桃杏仁醬雞肉捲

以味美單純的北非小米飯（Couscous 又稱「庫斯庫斯」）作基底，配上這道加了杏桃及杏仁醬的酸甜雞肉捲，形成最完美的搭配。這道菜也是重要場合可以擺出來宴客的精緻餐點。

去皮去骨雞胸肉	4 塊
即食北非小米	50 克
煮沸的雞高湯	150 毫升
顆粒杏仁醬	30 毫升
乾杏桃	50 克
（以 150 毫升柳橙汁浸泡 1 小時）	
乾龍蒿	1.5 毫升
鹽與黑胡椒粉	適量
蛋黃	1 個
帶皮的橘子果醬	30 毫升
印度香米和菰米（搭配食用）	

4 人份

變化版：

也可以用棗子和核桃做雞內餡：選用未加糖的棗乾，取代杏桃，核桃醬取代杏仁醬，同時不加乾龍蒿而改用 15 毫升新鮮切碎的香菜或荷蘭芹。

廚師小叮嚀

上菜前記得拿掉牙籤。

營養資訊：熱量 299 大卡；蛋白質 39.9 克；碳水化合物 18.0 克（其中糖佔 10.6 克）；脂肪 8.1 克（其中飽和脂肪占 1.4 克）；膽固醇 155 毫克；鈣 29 毫克；膳食纖維 2.8 克；鈉 104 毫克。

❶ 每一塊雞胸肉平切一道，但不要完全切開，再把雞肉放在兩張抹了油的烘焙紙或保鮮膜中間，用擀麵杖輕拍，直到雞肉稍稍變薄。

❷ 北非小米放進碗裡，加入 60 毫升（4 湯匙）雞高湯和杏仁醬，攪拌均勻，靜置 5 分鐘，讓北非小米把湯汁吸收進去。接著把杏桃瀝乾，保留果汁，杏桃乾連同龍蒿拌進北非小米，再加調味料，然後加進蛋黃讓所有食材能夠黏在一起。

❸ 將餡料平均分成 4 份，填進雞肉中，用牙籤把邊緣固定，接著平放進鍋裡，注意不要排得太緊密。

❹ 帶皮的橘子果醬拌進剩下的雞高湯裡，直到果醬溶解，接著拌入之前保留的柳橙汁，然後加調味料，再把湯汁倒到雞肉捲上，蓋上鍋蓋，用慢火煮到沸騰，再把火關小，燉煮 25 分鐘，直到雞肉完全熟透。

❺ 拿出雞肉捲，先保溫。將留在鍋裡的醬汁煮沸，直到收乾成一半的份量。把雞肉捲切成一片一片，擺盤，淋上醬汁，搭配印度香米和菰米，即可上菜。

豬雞馬鈴薯佐花生醬

這道秘魯菜，通常都是使用馬鈴薯乾，煮爛時可以讓醬汁變得濃稠。本書這道食譜用的是粉質馬鈴薯，不過也有同樣的效果。

橄欖油	60 毫升
雞胸肉，剖半	3 塊
鹽與黑胡椒粉	適量
無骨豬大排（切成 2 公分）	500 克
洋蔥末	1 個
水	30-45 毫升
蒜瓣（壓碎）	3 個
紅椒粉	5 毫升
孜然粉	5 毫升
粉質馬鈴薯（去皮並切厚片）	500 克
淡香花生醬	30 毫升
蔬菜高湯	550 毫升
全熟水煮蛋（切片）	2 個
去籽黑橄欖（裝飾用）	少許
義大利扁葉香芹末（裝飾用）	少許
米飯（搭配食用）	

6 人份

變化版：

這道美味的餐點加其它的堅果醬，一樣很美味，尤其是杏仁或榛果醬。

營養資訊：熱量 259 大卡；蛋白質 21.5 克；碳水化合物 18.3 克（其中糖占 3.8 克）；脂肪 11.6 克（其中飽和脂肪占 2.1 克）；膽固醇 80 毫克；鈣 26 毫克；膳食纖維 1.9 克；鈉 214 毫克。

❶ 用一個厚重的鍋子，開中火，倒一半的橄欖油加熱，再放入雞胸肉、調味料，煮 10 分鐘，直到全部變成金黃的棕色，用漏勺把雞胸肉盛舀到盤子上。

❷ 用一個鍋子把剩下的油加熱到很熱，再放入排骨肉、調味料，然後炒 3-4 分鐘，直到變成金棕色，再盛進放雞胸肉的盤子裡。

❸ 把火關小，再把洋蔥放進剛才還有油的鍋子裡，煮 5 分鐘，如果湯汁太黏，可以加點水。接著拌入蒜頭、紅椒粉、孜然粉，再煮 1 分鐘，再加入馬鈴薯拌一拌，蓋上鍋蓋，煮 3 分鐘。

❹ 加入一些高湯把花生醬打到順滑，然後拌進其餘的高湯，再把這些湯倒進鍋裡煮沸，繼續燉 20 分鐘。

❺ 把雞胸肉和豬肉放回鍋裡，把所有食材煮到沸騰，然後把火關小，蓋上鍋蓋，讓燉湯繼續燉煮 6-8 分鐘，直到肉剛熟的程度，用切好的蛋片、黑橄欖、及義大利扁葉香芹末裝飾。可搭配米飯一起食用。

鳳梨椰奶豬肉咖哩

這道彩色咖哩的辣度剛好平衡了它的甜味，變成一道香味撲鼻的佳餚。做這道菜，花費的時間很短，所以是快速又美味的餐點首選。

低脂椰奶	400 毫升
泰氏紅咖哩醬	10 毫升
里肌豬排（切薄片）	400 克
泰式魚露	15 毫升
棕櫚糖或紅糖	5 毫升
羅望子汁 （由羅望子泥加溫水調製而成）	15 毫升
泰國青檸葉（撕碎）	2 片
鳳梨（削皮、去心、切碎）	½ 個
去籽切片紅辣椒（裝飾用）	1 個

4 人份

營養資訊：熱量 199 大卡；蛋白質 22.9 克；碳水化合物 16.8 克（其中糖占 16.7 克）；脂肪 5.1 克（其中飽和脂肪占 1.6 克）；膽固醇 63 毫克；鈣 60 毫克；膳食纖維 1.6 克；鈉 481 毫克。

❶ 將椰奶倒入碗中，靜置讓它沈澱，奶油會浮到表面，將奶油舀進一個量杯裡，大約會有 250 毫升，如果不足，可以用椰奶代替。

❷ 將椰子奶油倒進大鍋，約煮 10 分鐘煮滾，或直到油水分離。煮的過程要不停地攪拌，避免黏鍋底而燒焦。

❸ 加入紅咖哩醬，攪拌到完全均勻，再煮 4 分鐘，同樣要不時攪拌，直到醬汁發出香氣。

❹ 加進切好的豬肉片，拌入魚露、糖和羅望子汁，繼續拌煮 1-2 分鐘，直到糖融化，豬肉變色。

❺ 加入剩餘的椰奶和青檸葉，煮滾後，拌入鳳梨，把火關小，再燉 3 分鐘，或到豬肉完全煮熟。完成後舀入碗裡，喜歡的話，可以加辣椒絲做裝飾。

杏仁豬排捲

這道豬排捲剛好可以使用到杏仁渣，這種餡料質地比一般麵包粉還要清淡。

二片 400 克的豬排	800 克
乾杏仁麵粉	115 克
杏仁醬	30 毫升
荷蘭芹葉末	1 小把
百里香葉末	1 小把
洋蔥末	1 顆
全蛋蛋液	1 個
橙皮末和橙汁	1 顆
鹽和黑胡椒粉	適量
橄欖油	15 毫升
蒸熟的高麗菜（搭配食用）	

6 人份

廚師小叮嚀

肉汁醬的作法是：把肉汁加一些杏仁麵粉，讓它變得濃稠，再加進預留的柳橙汁，煮透即成。

營養資訊：熱量 233 大卡；蛋白質 18.7 克；碳水化合物 19.3 克（其中糖占 2.2 克）；脂肪 9.1 克（其中飽和脂肪占 1.9 克）；膽固醇 81 毫克；鈣 29 毫克；膳食纖維 2.2 克；鈉 60 毫克。

❶ 將烤箱設定在 180℃（350℉）預熱，將豬排縱切，不要全切開，再把切開的每一片肉片用同樣的方法縱切一次，再輕輕把這些肉片拉平。

❷ 將乾的杏仁麵粉、杏仁醬、香草、洋蔥、蛋、橙皮和調味料放進碗裡，用叉子拌勻，並用適量的橙汁把所有的餡料黏合在一起。

❸ 把餡料分成兩份，將每份餡料填進豬排的切口中間，再用棉繩或烤肉叉把捲向中間的豬排捲固定住，作成兩捲。另一種作法是：把所有餡料放在一片豬排上面，鋪平均，再用第二塊豬排蓋住，再捲起來。

❹ 把橄欖油抹在豬肉片上，加鹽與胡椒調味，再放進淺盤子或烤盤上，並倒入 300 毫升水，以免豬肉乾掉。

❺ 把烤盤蓋上蓋子，放進烤箱烤 50 分至 1 小時，約 30 分鐘時要翻面再塗一次油。烤好時放 10 分鐘再切片，搭配蒸熟的高麗菜一起上菜。

泰式牛肉咖哩佐甜花生醬

這道泰國傳統菜餚，牛肉和許多香料一起慢慢燉煮，直到變軟，再加進花生醬勾芡，調配出綿密柔滑的醬汁。

椰奶	600 毫升
泰式紅咖哩醬	45 毫升
泰式魚露	45 毫升
棕櫚糖或紅糖	30 毫升
香茅草莖（打碎）	2 支
後腿肉牛肉片	450 克
顆粒花生醬	75 毫升
紅辣椒（切薄片）	2 支
泰國青檸葉（撕碎）	5 片
鹽與黑胡椒粉	適量
鹹蛋（切瓣）	2 顆
泰國羅勒葉（裝飾用）	10-15 片

4-6 人份

【廚師小叮嚀】

＊市售的泰式紅咖哩醬加熱後，辣度不一，因此剛開始時，可以先放少量再慢慢調整。

＊在泰國，把蛋作成鹹蛋是因為可以保存較久。在這道料理中，鹹蛋剛好給甜甜的咖哩帶來對比。請注意鹹蛋的製作日期，愈久就會愈鹹。

營養資訊：熱量 310 大卡；蛋白質 29.1 克；碳水化合物 9.7 克（其中糖占 8.5 克）；脂肪 17.4 克（其中飽和脂肪占 5.3 克）；膽固醇 69 毫克；鈣 59 毫克；膳食纖維 1.2 克；鈉 215 毫克。

❶ 把一半的椰奶倒進一個厚重的大鍋，開中火煮滾，持續攪拌約 10 分鐘，直到乳水分離。

❷ 拌進紅咖哩醬，煮 2-3 分鐘，直到發出香味且湯汁都完全混合均勻，再加入魚露、糖、搗碎的香茅莖後拌勻。

❸ 繼續煮到醬汁顏色變深，再慢慢加進剩餘的椰奶，持續攪拌，再次把醬汁煮沸。

❹ 加進牛肉和顆粒花生醬繼續煮，不停地攪拌，約 8-10 分鐘，或直到湯汁大多已蒸發，這時再加入辣椒及泰國青檸葉，按口味添加調味料，用切瓣的鹹蛋及泰國羅勒葉裝飾，即可上菜。

印式燉羊肉佐玫瑰杏仁醬

這是蒙兀爾人傳到印度極具代表性的菜餚，讓我們運用堅果奶和堅果醬做出美味的餐點，其中加入玫瑰水，更為軟嫩的燉羊肉片增添清香的氣味。

番紅花蕊（稍微搗過）	一大把
熱杏仁奶	30 毫升
未調味、已川燙生杏仁	25 克
去骨羊腿	675 克
杏仁奶優格	75 毫升
鷹嘴豆粉	10 毫升
葵花油或淡橄欖油	60 毫升
洋蔥（切絲）	1 顆
綠辣椒（去籽、切絲）	2 支
薑泥	10 毫升
蒜泥	10 毫升
薑黃粉	2.5 毫升
孜然粉	10 毫升
香菜粉	5 毫升
辣椒粉	2.5-5 毫升
鹽	5 毫升
杏仁醬	30 毫升
印度綜合香料	2.5 毫升
玫瑰水	30 毫升
烤過的杏仁（裝飾用）	少許
肉菜飯（搭配食用）	

4 人份

【廚師小叮嚀】

這道料理如果放涼，蓋上蓋子冷藏一夜，第二天再重新加熱，味道會更好。若是冷凍也不會影響風味。

❶ 把番紅花放進小碗弄碎，倒入熱杏仁奶並浸泡。

❷ 把杏仁放進另一個碗裡，倒入 150 毫升沸水，放著浸泡 20 分鐘，再連同浸泡水放進食物調理機，打成順滑的泥狀。

❸ 去掉羊腿上的肥肉，放在砧板上，蓋一張烘焙紙，以木製麵杖輕輕敲打，讓羊肉攤平到 5 毫米的厚度，再切成薄片，約 2.5 公分的長度。

❹ 用小碗把杏仁奶優格和豆粉拌勻，直到順滑。

❺ 準備平底鍋，開中火熱油，加入洋蔥拌炒，炒到軟而還沒變成棕色的程度，再加入綠辣椒、薑和蒜，炒 2 分鐘，加進乾香料，繼續拌炒 1 分鐘。

❻ 把肉放進鍋裡，拌炒 1-2 分鐘，直到變成淡棕色，接著拌進❹，繼續拌煮 2-3 分鐘，直到大部分的水分都已蒸發，脂肪也和香味十足的食材分離。這時倒入 150 毫升熱水並加鹽調味，蓋上蓋子，用小火把所有食材煮滾。

❼ 繼續煮 35 分鐘，中間有時攪拌一下。把杏仁醬用 60 毫升的熱水化開，再把❶和❷加入鍋中，蓋上蓋子，繼續燉 10-12 分鐘或直到羊肉變軟，拌入印度綜合香料及玫瑰水。

❽ 把烹調好的料理盛到溫過的盤子，上面用烤過的杏仁片裝飾，搭配肉菜飯一起食用。

營養資訊：熱量 547 大卡；蛋白質 38.2 克；碳水化合物 12.1 克（其中糖占 4.7 克）；脂肪 39.2 克（其中飽和脂肪占 11 克）；膽固醇 128 毫克；鈣 51 毫克；膳食纖維 2.9 克；鈉 161 毫克。

甜點
椰奶冰淇淋

這道綿密的椰子萊姆冰淇淋為悶熱的天氣帶來一股清涼，或者當吃了又熱又辣的主餐之後，再來一道冰淇淋簡直絕配。

水	150 毫升
細砂糖	115 克
萊姆	2 顆
全脂椰奶	400 毫升
烤好的椰子刨片（裝飾用）	少許

4-6 人份

廚師小叮嚀

製做裝飾用椰子刨片的方法：切一些椰肉薄片，鋪在加了烘焙紙的烤盤上，放進烤箱，以 150℃（300 ℉）烤 12-15 分鐘。烘烤中間，隔幾分鐘就要翻轉一下椰片，讓椰片佈滿均勻的金棕色，要隨時注意才不會讓椰片燒焦，用做裝飾之前要先冷卻。

營養資訊：熱量 90 大卡；蛋白質 0.3 克；碳水化合物 23.3 克（其中糖占 23.3 克）；脂肪 0.2 克（其中飽和脂肪占 0.1 克）；膽固醇 0 毫克；鈣 25 毫克；膳食纖維 0 克；鈉 74 毫克

❶ 烤在小鍋中倒入 150 毫升水，加進細砂糖，煮到滾，不停地攪拌，直到糖完全融化。將鍋子移開爐火，把糖漿放涼之後，放進冰箱冷藏到完全冰透。

❷ 削萊姆皮並磨細，注意不要加進有苦味的薄膜。擠出萊姆汁，將萊姆汁和皮倒進❶，並加入椰奶。

❸ 把❷用冰淇淋機攪拌直到硬度夠，或可以用湯匙挖出來的程度。如果沒有冰淇淋機，就把食材倒進適當的冷凍盒裡，冷凍 1.5 小時，或直到四邊及底部已結凍而中心的部分仍是軟的。這時用電動打蛋器打 30 秒，再快速放回冷凍，每隔 1 小時再重複這些程序，全部要重複二次，然後至少再冷凍 2 小時。

❹ 用冰過的碗或杯子盛冰淇淋，上面用烤過的椰片或萊姆皮裝飾，即可上桌。

杏仁奶冰淇淋及開心果奶冰淇淋

濃稠的堅果奶製的冰淇淋較油膩，所以每次吃 1 小份就好。而選擇未過濾的堅果奶，則可增加顆粒狀的口感。

合仁奶冰淇淋的材料

濃稠未過濾杏仁奶	600 毫升
蛋黃	4 顆
細砂糖	150 克
玉米麵粉	5 毫升
橙花水	30-45 毫升
杏仁精	2-3 滴

開心果奶冰淇淋的材料

濃稠未過濾開心果奶	600 毫升
蛋黃	4 顆
細砂糖	150 克
玉米麵粉	5 毫升
香草精	2.5 毫升
綠色食用色素	2-3 滴

6-8 人份

厨師小叮嚀

喜歡的話，可以用未調味已川燙的生杏仁或開心果薄片來裝飾冰淇淋

營養資訊：熱量 288 大卡；蛋白質 5.7 克；碳水化合物 43.7 克（其中糖占 40 克）；脂肪 11.3 克（其中飽和脂肪占 2.2 克）；膽固醇 202 毫克；鈣 35 毫克；膳食纖維 1.9 克；鈉 64 毫克。

❶ 製作杏仁奶冰淇淋的方法：把杏仁奶倒進厚重的鍋子，加熱到冒蒸氣，但不要煮沸。

❷ 把蛋黃、糖、玉米麵粉放進碗裡，打到濃稠綿密，分次加入熱杏仁奶，然後把食材倒回鍋裡，用小火煮 10 分鐘，直到奶糊濃稠，但不到滾的程度，再拌入橙花水及杏仁精，再把整鍋放到涼。

❸ 把奶糊倒進碗裡或冷凍盒裡，先放冰箱冷藏，之後再放進冷凍庫冷凍，1 個小時後拿出來攪拌，再放回冷凍，重複這個動作 2-3 次，直到冰淇淋變得順滑綿密，再放回冷凍數小時或一夜。另一個方式是：把奶糊放進冰淇淋機攪打。

❹ 用同樣的方式來製作開心果冰淇淋，只是用開心果奶代替杏仁奶；香草精代替杏仁精。喜歡的話，還可以加一點綠色食用色素到開心果冰淇淋裡。

❺ 食用前 15 分鐘，先把冰淇淋從冷凍庫拿出來，好讓冰淇淋可以稍微軟化。

玫瑰杏仁奶凍

在中世紀時，牛奶凍是宴席才吃得到的點心。而此款奶凍，除了用杏仁奶製作，還採用了明膠，變成較清淡的果凍狀奶凍。

明膠	5 張
檸檬	1 個
濃稠未過濾杏仁奶	900 毫升
細砂糖	115 克
玫瑰水	30-45 毫升
新鮮或糖漬玫瑰花瓣 (裝飾用)	適量

6 人份

[廚師小叮嚀]

挑選裝飾用的玫瑰花瓣時，要確保是沒有噴灑藥劑的玫瑰花，因為一般向花店買的花幾乎都噴灑了不能食用的化學藥物。

營養資訊：熱量 104 大卡；蛋白質 0.7 克；碳水化合物 24.2 克（其中糖占 24.2 克）；脂肪 1.3 克（其中飽和脂肪占 0 克）；膽固醇 0 毫克；鈣 6 毫克；膳食纖維 0 克；鈉 106 毫克。

❶ 將明膠片放進一小碗冷開水中，泡約 5 分鐘，讓它們變軟。

❷ 把檸檬皮削成薄長片，注意不要削到有苦味的白色薄膜。把杏仁奶和檸檬皮用小火加熱，直到快要煮開，關掉爐火，丟掉檸檬皮。

❸ 將浸泡過的明膠片拿出來，擠乾水分，再把明膠放進熱的杏仁奶裡，攪拌到全部融解，再拌入糖，當糖也完全融化時，再加進玫瑰水調味並攪拌均勻。

❹ 把成品倒進 1 個大的或 6 個已經沾溼的模型裡，再冷藏至完全冷卻定型。

❺ 食用前才把牛奶凍從模子裡倒出來。喜歡的話，可以用玫瑰花瓣裝飾。

蘋果核桃奶英式牛奶布丁

雖然「英式牛奶布丁」（Flummery）這個名字出自英國威爾斯，但其實凱爾特地區（北歐、西歐）的居民都喜歡這道又甜又軟的點心。在蘇格蘭，這道點心是以燕麥為主材料，不過本書這款愛爾蘭版則採用珍珠麥，另外加入蘋果和核桃奶。

主材料

珍珠麥	90 毫升
蘋果（削皮、去心、切片）	675 克
細砂糖	50 克
檸檬汁	1 顆

核桃奶卡士達材料

核桃奶	250 毫升
蛋黃	2 個
玉米麵粉	5 毫升
細砂糖	15 毫升

4-6 人份

【變化版：】

梨子口味也很可口，要選擇烹飪用的大梨子，而不要用做甜點的梨子。因為甜點用的煮起來會變成一團軟泥。如果想增添顏色變化，可以在快煮好前幾分鐘，加入一把覆盆子，讓梨子泥變成誘人的粉紅色，同時增加口味層次。

營養資訊： 熱量 191 大卡；蛋白質 3.2 克；碳水化合物 36.4 克（其中糖占 21.3 克）；脂肪 4.9 克（其中飽和脂肪占 0.9 克）；膽固醇 69 毫克；鈣 19 毫克；膳食纖維 2.9 克；鈉 27 毫克。

❶ 製作核桃卡士達的方法：把核桃奶倒入厚重的鍋子，加熱到快要滾。另外把蛋黃、玉米麵粉和糖放進碗裡拌到綿密而濃稠。

❷ 慢慢把熱核桃奶拌進蛋糊裡，用濾網過濾後，再倒回鍋裡，以小火邊拌邊煮 10 分鐘，直到卡士達變稠，但是注意不要煮到滾，否則卡士達會結塊。這時再把卡士達倒回碗裡，上面用一張溼的烘焙紙蓋住，避免表面形成硬皮，靜置放涼。

❸ 把 1 公升的水放進鍋裡，加入珍珠麥，煮滾再放入蘋果，繼續煮到珍珠麥變軟，蘋果煮熟。

❹ 把❸用食物調理機打綿密或用濾網過濾，再把麥糊倒回洗淨的鍋子，加入糖和檸檬汁，再次煮到滾。

❺ 把鍋子從爐火上移開並放涼，再把成品倒入杯子或盤中，放冰箱冷卻，然後拌入卡士達，趁冰涼時食用。

烤咖啡卡士達佐夏威夷果奶油

夏威夷果奶特別濃郁、綿密，非常適合做這類咖啡卡士達。夏威夷果鮮奶油則讓口感更豐富。

夏威夷果奶	450 毫升
咖啡粉（非即溶咖啡）	25 克
蛋	3 顆
紅糖或椰糖	30 毫升
夏威夷果奶油（見 80 頁，將腰果替換成夏威夷果，搭配食用）	
生可可或未加糖可可粉（搭配食用）	

4 人份

變化版：

製作巧克力和夏威夷果奶卡士達時，捨棄咖啡而把 115 克高品質半甜巧克力碎塊及 2.5 毫升香草精加進熱夏威夷果奶（不需過濾）中，如步驟 2，攪拌至融化，其餘都依照原食譜作法。

營養資訊：熱量 152 大卡；蛋白質 6.3 克；碳水化合物 8.9 克（其中糖占 8.2 克）；脂肪 10.8 克（其中飽和脂肪占 2.3 克）；膽固醇 173 毫克；鈣 28 毫克；膳食纖維 0.9 克；鈉 67 毫克。

❶ 將烤箱設定在 190℃（375 ℉）預熱，把夏威夷果奶倒入厚重的鍋裡，煮滾後加入咖啡，再移開爐火，放著浸泡 10 分鐘。

❷ 將調味的夏威夷果奶過濾後倒進乾淨的鍋裡，丟掉咖啡渣，用小火加熱到快要滾的程度。

❸ 把蛋和糖放進碗裡一起打，直到打發且顏色變白，再倒進熱夏威夷果奶，不停地攪拌。

❹ 把奶糊倒進幾個耐熱的碗或咖啡杯裡，並用鋁箔蓋緊，再排進深烤盤裡，並倒入滾水，到烤盤一半的深度。

❺ 小心地把烤盤移入烤箱，烘烤 30 分鐘或到定型為止，再把這些成品從烤盤拿出來，靜置到完全冷卻，再冷藏至少 2 小時。

❻ 上桌前，用湯匙挖一些濃稠的夏威夷果奶油，加在卡士達上面，並撒一些生可可或可可粉。

杏仁奶布丁

這是一道很出名的土耳其點心，通常都是一人一份。傳統上都用開心果碎片做裝飾，增添色彩變化和豐富的味道。

未調味、川燙過生杏仁	115 克
杏仁奶	600 毫升
在來米粉	25 克
糖	115 克
未調味生開心果（磨粉）	30 毫升

4 人份

變化版：

另一種配方是用無花果和杏仁製作，方法是將 4 個無花果切成碎片，放進碗裡，滴入 30 毫升洋槐蜜。做好布丁以後，先放涼，再把無花果及無花果汁平分至四個玻璃杯裡。再用湯匙舀入布丁，上面用碎堅果裝飾，食用之前先放冰箱冷藏到完全冰涼。

營養資訊：熱量 355 大卡；蛋白質 7.9 克；碳水化合物 37.7 克（其中糖占 31.7 克）；脂肪 20.1 克（其中飽和脂肪占 1.8 克）；膽固醇 0 毫克；鈣 87 毫克；膳食纖維 0.8 克；鈉 52 毫克。

❶ 用杵和臼、食物調理機或磨豆機，把杏仁搗或磨成泥，加入一點杏仁奶，把杏仁泥打到順滑，放一旁備用。

❷ 把在來米粉和少許的杏仁奶放進小碗，攪拌至順滑，像濃奶油的稠度，再放一旁備用。

❸ 將剩餘的杏仁奶和糖倒進厚重的鍋子裡，煮滾杏仁奶並不時攪拌。把 30 毫升（2 湯匙）熱杏仁奶加進❷，然後倒進鍋，務必不停地攪拌，避免在來米粉結塊，一直煮到奶糊在木湯匙的背面形成一層膜的程度。

❹ 拌入❶，燉煮約 25 分鐘，不時攪拌，直到湯汁變稠為止，把成品倒入一個個小碗裡，放著冷卻。

❺ 在每一碗布丁上面撒些開心果碎片——最常見的作法是從正中間撒一條細細的線——然後放進冰箱冷藏，冰涼之後再食用。

巧克力椰子杏仁塔

這款甜點看起來很好吃又有濃郁的巧克力味，還含有許多健康的食材。它的塔皮和餡料都是使用椰子醬和椰子油。

塔皮材料

椰子醬	50 克
椰子油	50 克
椰糖或黑糖	30 毫升
杏仁粉	150 克
椰子粉（未加糖切絲）	150 克
生可可或未加糖可可粉	5 毫升

餡料的材料

去籽的棗子（最好選用加州蜜棗）	115 克
椰子醬	25 克
椰子油	25 克
蜂蜜	150 克
生可可或未加糖可可粉	115 克
柳橙汁及橙皮末	1 顆

裝飾的材料

草莓（切成四分之一）	225 克
蜂蜜	15 毫升
腰果鮮奶油（搭配食用）	

8-10 人份

變化版：

這道塔如果不用橙皮和橙汁改用萊姆皮(1顆)和萊姆汁(2顆)一樣很美味。

❶ 塔皮的作法：把椰子醬切塊，和椰子油及糖一起放進小碗，再把小碗放入一鍋幾乎滾開的水中，靜置幾分鐘，不時地攪拌一下，直到椰子醬和椰子油都融化。

❷ 將杏仁粉、椰子粉及可可放進食物調理機，打 1 分鐘或直到全部混合均勻，再將❶倒進調理機，按幾下開關，讓椰子醬和乾料拌均勻。

❸ 將❷倒進直徑 23 公分的可卸式塔模裡，把食材壓實，平均地鋪滿底部和側邊。當你在製作餡料時，把塔模放進冰箱冷藏。

❹ 餡料的作法：將棗子放進碗裡，倒入可淹過棗子的滾水，浸泡 15 分鐘。另外把椰子醬和椰子油比照先前的作法，隔水加熱至融化。

❺ 把棗子瀝乾，放進食物調理機（不需再經沖洗），並加入一半蜂蜜，一起打 1 分鐘，再加進其餘的蜂蜜、可可、橙皮及橙汁，以及融化的椰子醬和椰子油，打到順滑，其間要不時停下來把調理機內壁的食材刮下來。

❻ 把巧克力糊倒進冷卻的塔皮裡，用湯匙背把它抹平，再放進冰箱冷藏 2 小時或到定型的程度。

❼ 裝飾：將草莓放進碗裡，滴進一些蜂蜜，靜置幾分鐘後，再充分攪拌。

❽ 上桌前再把巧克力塔從塔模裡拿出來，並用湯匙放些草莓在上面。避免把果汁滴在塔皮上，否則塔皮會變得濕軟。將巧克力塔切片，搭配腰果鮮奶油一起食用。

營養資訊：熱量 412 大卡；蛋白質 7.1 克；碳水化合物 24.6 克（其中糖占 22.8 克）；脂肪 32.5 克（其中飽和脂肪占 20.7 克）；膽固醇 0 毫克；鈣 65 毫克；膳食纖維 6.7 克；鈉 127 毫克

杏仁奶托斯卡尼米糕

這道米糕放進烤箱烘烤時，白蘭地的酒精就會蒸發，留下白蘭地的香味。如果你喜歡，也可以添加 5 毫升（1 茶匙）的香草精。

短粒米	75 克
杏仁奶	600 毫升
葵花人造奶油（塗抹用）	適量
粗粒小麥粉	15 毫升
大雞蛋	4 顆
細砂糖	115 克
白蘭地	25 毫升
未打蠟檸檬皮（磨碎）	½ 顆

1 個蛋糕的份量

廚師小叮嚀

若要做大一點的米糕，可以把所有材料加倍，然後用直徑 25 公分的蛋糕模，烘烤 50 分鐘。

營養資訊：熱量 1277 大卡；蛋白質 40.2 克；碳水化合物 204.1 克（其中糖占 132.7 克）；脂肪 32.5 克（其中飽和脂肪占 7.6 克）；膽固醇 924 毫克；鈣 187 毫克；膳食纖維 0.4 克；鈉 744 毫克。

❶ 將米和 350 毫升杏仁奶放入鍋中，煮沸並滾 10 分鐘，然後瀝乾，保留已經吸收了一些米漿的杏仁奶，放旁邊冷卻。

❷ 烤箱設定 180℃（350 ℉）預熱，把直徑 20 公分的深蛋糕模抹上一層人造奶油，再灑進粗粒小麥粉（請勿使用可卸式蛋糕模，不然所有的湯汁都會漏光），然後把蛋糕模倒放，輕輕地搖一搖，把鬆散的粗粒小麥粉去掉。

❸ 把蛋打進大碗，再用電動打蛋器打到起泡，呈現淡黃色，接著分次慢慢加入糖，持續攪打，再加進白蘭地和檸檬皮，充分攪勻。

❹ 把米和剩餘的杏仁奶（及保留的杏仁奶）加進去，充分攪拌，再倒進蛋糕模。

❺ 放進烤箱烘烤 35-40 分鐘，或直到用牙籤或雞尾酒籤刺進米糕中間而不會沾粘。這時米糕應該已經定型呈金棕色了，熱熱吃或放涼吃都很美味。

北非小米佐杏仁椰子

如同一般的米，北非小米可以製成甜點，也可以作成鹹的菜餚。在這道食譜裡，北非小米和杏仁奶一起烹煮，並搭配肉桂香的糖漬水果乾一起食用。

水	300 毫升
中等顆粒北非小米	225 克
葡萄乾	50 克
葵花人造奶油	25 克
糖	50 克
濃稠杏仁奶	120 毫升
椰子奶油	120 毫升

糖漬水果乾材料

杏桃乾	225 克
去籽的梅乾	225 克
白葡萄乾	115 克
未調味、已川燙生杏仁	115 克
糖	75 克
香草豆莢（剝開）	1 支
肉桂棒	1 根

6 人份

變化版：

＊北非小米也可以單獨食用，你可以在上面滴一些溫過的蜂蜜而不採用水果乾。

＊糖漬水果冰過之後，搭配杏仁奶優格單獨食用也很可口。

營養資訊：熱量 554 大卡；蛋白質 10.6 克；碳水化合物 83 克（其中糖占 63.2 克）；脂肪 22.2 克（其中飽和脂肪占 7.5 克）；膽固醇 0 毫克；鈣 123 毫克；膳食纖維 7.6 克；鈉 80 毫克。

❶ 製作這道點心的前幾天可以準備糖漬水果。方法是：將水果乾和杏仁放進碗裡，倒進剛好可以淹過水果乾的水量，輕輕地拌入糖和香草豆莢及肉桂棒，蓋上蓋子後，浸泡 48 小時。浸泡過後糖水會變成金色的糖漿。

❷ 煮北非小米的方法是：用一個大鍋，把水煮滾，把北非小米和葡萄乾拌入，用中火煮 1-2 分鐘，直到水份都被吸乾了，把鍋子移開爐火並蓋緊鍋蓋，燜 10-15 分鐘。在此同時，用小火煮糖漬水果乾，煮到溫熱的程度。

❸ 將北非小米倒進碗裡，用指尖把米粒稍微撥散，再把人造奶油化開倒在北非小米上，接著撒上一些糖，然後用手把人造奶油和糖拌進北非小米裡，將拌好的北非小米分成六份裝進碗裡。

❹ 用一個小鍋把杏仁奶和椰子奶油一起加熱，直到快煮滾的程度，再倒到北非小米上面，搭配糖漬水果乾便可上菜。

麵包、蘋果、杏仁奶布丁

這道以麵包粉、蘋果乾、葡萄乾為主材料的甜點，簡單又營養，口感類似卡士達，用手邊現成的材料就可輕易製作。上菜時，可以搭一匙自製或市售的高品質杏桃果醬。

葵花人造奶油	
（化開並準備一些塗抹用）	50 克
白麵包（切片，去邊）	200 克
杏仁奶	150 毫升
蛋白	4 顆
蛋黃	4 顆
細砂糖	45 毫升
切片蘋果乾	200 克
葡萄乾	50 克
杏仁片	75 克

4-6 人份

變化版：

可以試試用其他的水果乾和堅果做這道甜點，例如桃子乾搭核桃奶或梨子乾搭榛果奶。

廚師小叮嚀

建議選用未漂白的麵粉製的白麵包，全麥麵包的口感較乾澀，難以入口。

營養資訊：熱量 412 大卡；蛋白質 11.4 克；碳水化合物 51.1 克（其中糖占 35.1 克）；脂肪 19.5 克（其中飽和脂肪占 3.4 克）；膽固醇 154 毫克；鈣 101 毫克；膳食纖維 5.3 克；鈉 315 毫克。

❶ 烤箱設定 180℃（350 ℉）預熱，再將 15×20 公分（6×8 吋）耐高溫的盤子塗上厚厚一層人造奶油。

❷ 把白麵包放進食物調理機或果汁機打成麵包粉，再倒進碗裡，加入杏仁奶及融化的人造奶油，攪拌均勻。

❸ 用另一個碗把蛋黃和糖打到柔滑綿密，接著加入蘋果乾、葡萄乾，再把這些材料和❷混合均勻。

❹ 將蛋白倒進乾淨且完全不油的碗，攪拌到形成乾性發泡狀態，然後舀一匙蛋白拌入❸，等顏色變淡些，拌入剩餘的蛋白。接著倒進先前準備的盤子裡。

❺ 撒上杏仁片，放進烤箱烤 25-30 分鐘或直到定型且變成金黃色，即可上桌。

冬季水果杏仁醬烤酥餅碎

這道杏仁醬酥餅碎以梨子和杏桃乾作基底，成為冬日裡的美味點心。若是其他季節，則可以試試醋栗搭少許接骨木花露；大黃搭生薑；或是蘋果搭配黑莓。

杏仁醬	30 毫升
人造奶油	150 克
中筋麵粉	175 克
乾杏仁麵粉或杏仁粉	50 克
紅糖	115 克
杏仁片	40 克
未打蠟柳橙	1 顆
即食杏桃乾	16 個
熟成硬梨	4 顆

6 人份

廚師小叮嚀

這道甜點要搭配杏仁奶卡士達（見 137 頁，把核桃奶換成杏仁奶即可）

營養資訊：熱量 627 大卡；蛋白質 9.3 克；碳水化合物 88.4 克（其中糖占 58.2 克）；脂肪 20.6 克（其中飽和脂肪占 5 克）；膽固醇 1 毫克；鈣 131 毫克；膳食纖維 11.6 克；鈉 187 毫克

❶ 把杏仁醬和人造奶油放進碗裡拌勻，再挖出來放在烘焙紙上，冷藏 30 分鐘（或冷凍 10 分鐘），直到變硬。

❷ 烤箱設定 190℃（375 ℉）預熱，把麵粉篩進碗裡，拌入杏仁麵粉或杏仁粉，再加進❶，全部揉均勻成像粗麵包粉那樣，再拌進 75 克糖及杏仁片。

❸ 削 5 毫升（1 茶匙）的柳橙皮，柳橙榨汁。把杏桃乾剖半，放進淺烤盤。梨子削皮、去心、切丁，再把梨子排在杏桃乾上面。

❹ 把橙皮末和橙汁拌合，撒在水果上面，再撒上剩餘的紅糖，接著鋪上❷，並且弄平，放進烤箱烤 40 分鐘，直到最上層已變成金棕色，水果也軟化的程度（可以用刀尖試試烘烤的程度）。

烘焙類
綜合堅果思佩爾特麵包

這款鄉村麵包是用藜麥粉和思佩爾特麵粉製成。思佩爾特（SPELT）是從古代留傳下來的穀物（可以追溯到 5000 多年前），它含的麩質比麥子製的麵粉要少。各類種子及葵花子奶則提供了慢速釋放能量的碳水化合物。

藜麥粉	225 克
思佩爾特麵粉	225 克
即溶乾酵母	10 毫升
鹽	10 毫升
糖	60 毫升
綜合種子（葵花子、南瓜子、亞麻子、罌粟子）	25 克
未調味、切碎的生堅果（核桃、榛果等）	25 克
葵花子奶（另多準備一些塗抹用）	250 毫升
沸水油（塗抹用）	50 毫升

8 人份

廚師小叮嚀

你可以用麵包機來製作這款麵包，用「基本全麥麵包」那一段即可。在製做的中途再把堅果和種子加入麵團，或是按照製造商的說明書操作。

營養資訊：熱量 300 大卡；蛋白質 5.8 克；碳水化合物 54.4 克（其中糖占 8.1 克）；脂肪 6.1 克（其中飽和脂肪占 0.6 克）；膽固醇 0 毫克；鈣 23 毫克；膳食纖維 2.4 克；鈉 496 毫克。

❶ 把兩種麵粉篩入大碗，加進乾酵母、鹽、糖、綜合種子及切好的堅果，拌勻後將中間挖個洞。

❷ 將葵花子奶和沸水倒進碗裡拌勻，再倒進❶的中間，慢慢攪拌，讓麵粉變成柔軟的麵團。把麵團放在撒了麵粉的板子上，用手揉 6-8 分鐘。或者用有麵團鉤的電動攪拌器攪拌 4-5 分鐘，直到麵團柔軟有彈性。

❸ 用手揉麵團，可以用一手握住麵團，另一手的手掌把麵團推開，再包覆回來，再橫放，重複這個動作，直到揉好。

❹ 把揉好的麵團放進一個乾淨的碗裡，上面蓋一條溼布，放在溫暖的地方 1-1.5 小時，直到麵團發成將近兩倍大。

❺ 把麵團倒出來，再揉幾分鐘，然後再次蓋上溼布，靜置 30 分鐘，讓麵團發到足足兩倍大。將烤箱設定 220℃（425 ℉）預熱。

❻ 把一個 450 克（1 磅）容量的麵包模或烤盤上油。如果用的是麵包模，就把麵團揉成剛好符合模子的形狀；若採用烤盤，則可以揉成三股，編成辮子狀，作成更有造型的麵包。

❼ 運用刀子在麵團上頭直劃和橫劃幾刀，讓麵團更容易發酵，接著在上面刷一層葵花子奶，並撒上各類種子。

❽ 把麵團放進烤箱烘烤 35-40 分鐘，直到麵包膨脹起來變成金黃色，輕拍底部會有空洞而非沈甸甸的聲音（你必須先把麵包從模子裡拿出來，才能做這項測試）。烤好後從模子或烤盤拿出麵包，至少放涼 20 分鐘。

燕麥奶全麥司康

這款特殊的司康很清淡,幾乎不含脂肪,所以必須趁新鮮吃,最好是剛出爐就享用,最慢也要當天吃完。

蔬菜油(塗抹用)	少許
低筋麵粉 (另多準備一些裝飾)	115 克
全麥低筋麵粉	115 克
泡打粉	5 毫升
鹽	1.5 毫升
燕麥奶 (另多準備一些裝飾)	350 毫升

8 個司康的份量

廚師小叮嚀

這款香噴噴的司康,搭配湯品非常可口,或者也可以抹一點椰子奶油或葵花子抹醬,上面再加一匙果醬。

營養資訊:熱量 117 大卡;蛋白質 3.2 克;碳水化合物 20.7 克(其中糖占 2.6 克);脂肪 1 克(其中飽和脂肪占 0.1 克);膽固醇 0 毫克;鈣 63 毫克;膳食纖維 2.3 克;鈉 126 毫克。

❶ 將烤箱設定 220℃(425 ℉)預熱,把烤盤抹一層油並撒上一層麵粉。

❷ 把麵粉、泡打粉及鹽篩進碗裡,並把濾網上的麥麩也加進去。在混好的材料中間挖個洞,倒入大部分的燕麥奶,不要加太多,份量要剛好可以揉成柔軟、溼潤的麵團,把麵團揉均勻。

❸ 在桌面上鋪一層薄薄的麵粉,把麵團倒出來,撒上麵粉。

❹ 把麵團壓成 4 公分的厚度,用餅乾模切出 8 個司康餅乾形狀,再排進烤盤裡,餅乾上面可以刷一層燕麥奶,再撒上一點麵粉。

❺ 把司康放進烤箱烘烤約 12 分鐘,直到膨脹完全且變成金棕色,烤好的司康放到架子上稍稍放涼,趁熱時享用。

火麻仁奶水果麥芽吐司

麥芽精讓這款水果吐司更富嚼勁，而火麻仁奶則增添了香味。吐司切片後，可以塗上椰子醬或葵花子醬食用。

蔬菜油（塗抹用）	少許
全麥低筋麵粉	250 克
鹽	1 小撮
小蘇打	2.5 毫升
綜合水果乾	175 克
麥芽精	15 毫升
火麻仁奶	250 毫升

8-10 人份

變化版：

如果想做熱帶水果吐司，可以用切碎的鳳梨乾和芒果乾加巴西堅果奶，取代本食譜的綜合水果乾和火麻仁奶，還可以在乾的食材裡加進 5 毫升薑粉。

廚師小叮嚀

用烘焙紙把放涼的吐司包起來，再用鋁箔包一層，可以保存 3 星期。吐司完成後放幾天，它的口感和香味都會變得更好。

營養資訊：熱量 155 大卡；蛋白質 4.8 克；碳水化合物 30.6 克（其中糖占 14.9 克）；脂肪 2.4 克（其中飽和脂肪占 0.3 克）；膽固醇 0 毫克；鈣 28 毫克；膳食纖維 3.9 克；鈉 82 毫克。

❶ 烤箱設定 160℃（325℉）預熱，把一個容量 900 克的吐司烤模上油並鋪上烘焙紙。把所有乾的食材放進大碗裡。

❷ 用鍋子把麥芽精和火麻仁奶加熱，攪拌均勻，也可以把火麻仁奶和麥芽精放進微波爐微波 1 分鐘，攪拌一下，再微波 30 秒，或者直到麥芽精完全融進火麻仁奶裡。把火麻仁麥芽精拌入乾的食材裡。

❸ 把調好的材料放進準備好的吐司模裡，烘烤 45 分鐘或用烤肉叉刺進麵包，拿出來不會沾粘。

❹ 吐司烤好後靜置 5 分鐘，再倒出來放在鐵架上冷卻，並去掉襯墊紙。

花生醬午茶麵包

這款具有花生奶香氣的吐司還含有鬆脆的花生醬，增添了蛋白質及許多營養，適合切片，稍加烘烤，抹上蜂蜜或果醬食用。

中筋麵粉	225 克
泡打粉	7.5 毫升
小蘇打	2.5 毫升
人造奶油 （另外多準備一些塗抹用）	50 克
顆粒花生醬	175 克
細砂糖	50 克
全蛋蛋液	2 顆
花生奶	250 毫升
鹽烤花生	25 克

10 人份

變化版：

篩麵粉時可加入 10 毫升（2 茶匙）肉桂粉，並在 ❷ 中拌入 150 克葡萄乾，增添口味變化。

營養資訊：熱量 288 大卡；蛋白質 8.5 克；碳水化合物 27.3 克（其中糖占 7.7 克）；脂肪 16.7 克（其中飽和脂肪占 3.7 克）；膽固醇 46 毫克；鈣 59 毫克；膳食纖維 0.9 克；鈉 231 毫克

❶ 將烤箱設定 180℃（350 ℉）預熱，把容量 900 克的吐司模抹上油，並襯一張烘焙紙。

❷ 把麵粉、泡打粉和小蘇打一起篩進一個大碗裡。

❸ 把人造奶油和花生醬放進一個大碗，用一支木湯匙把這兩樣打到軟化，再把糖加進去打，一直打到顏色變淡且蓬鬆。

❹ 分批把蛋加進去，一次加一點，接著加入花生奶，篩入 ❷，全部拌均勻，再倒進準備好的麵包模裡，上面再撒些花生。

❺ 烘烤 1 小時或直到用烤肉叉插進麵包中心，拿出來沒有沾粘，麵包烤好後，連同模子放涼 5 分鐘，再倒到鐵架上，去掉襯墊紙。

椰子杏仁覆盆子瑞士捲

這款輕爽的海綿蛋糕瑞士捲添加了杏仁風味，內餡則是新鮮的覆盆子和椰子鮮奶油。

蛋糕材料

蔬菜油（塗抹用）	少許
蛋	4 顆
細砂糖	115 克
中筋麵粉（篩過）	150 克
乾杏仁麵粉或杏仁粉	25 克
椰子粉	15 毫升

內餡材料

覆盆子	275 克
椰子鮮奶油	250 毫升
烤過的杏仁片（裝飾用）	少許

8 人份

營養資訊：熱量 306 大卡；蛋白質 7.7 克；碳水化合物 35.6 克（其中糖占 18.9 克）；脂肪 15.8 克（其中飽和脂肪占 11.4 克）；膽固醇 116 毫克；鈣 64 毫克；膳食纖維 2.4 克；鈉 46 毫克。

❶ 將烤箱設定 200℃（400 ℉）預熱，把一個 33×23 公分（13×9 吋）瑞士捲蛋糕模抹上一層油，並鋪一張烘焙紙。

❷ 把蛋和糖倒在大碗裡，用電動打蛋器打約 10 分鐘，或直到變濃稠且顏色變白。把麵粉篩進去，並輕輕地用金屬湯匙把杏仁麵粉或杏仁粉拌進去。

❸ 把❷舀進蛋糕模且抹平，烘烤 10-12 分鐘，或者到海綿蛋糕已膨脹完全，摸起來有彈性。

❹ 在一張烘焙紙上撒上椰子粉和糖，再把蛋糕倒放在上面，連同蛋糕模一起放涼，再取出蛋糕並撕掉襯墊紙。

❺ 內餡的作法：把 250 克覆盆子拌進椰子鮮奶油，再抹到蛋糕上，留一點邊不要塗。再從較窄的一端小心地把蛋糕捲起來，可以用剛才的烘焙紙來提，方便挪動海綿蛋糕。上桌時可用剩餘的覆盆子和烤過的杏仁片裝飾。

巴西堅果奶鳳梨翻轉蛋糕

這款輕爽潤澤的蛋糕上面鋪了子薑和鳳梨片，最上頭則有一層黏而光滑的子薑糖漿，這些水果是在蛋糕麵糊倒進蛋糕模之前就先鋪進去的。

椰子油或葵花人造奶油	
（另多準備一些塗抹用）	20 克
糖漬子薑（切碎）	2 塊
子薑糖漿	60 毫升
罐頭鳳梨片（瀝乾）	450 克
全麥低筋麵粉	250 克
泡打粉	15 毫升
薑粉	5 毫升
肉桂粉	5 毫升
紅糖	115 克
巴西堅果奶或椰奶	250 毫升
香蕉	1 根

8 人份

營養資訊：熱量 204 大卡；蛋白質 4.1 克；碳水化合物 43.3 克（其中糖佔 25.5 克）；脂肪 2.9 克（其中飽和脂肪占 0.6 克）；膽固醇 0 毫克；鈣 50 毫克；膳食纖維 3.9 克；鈉 113 毫克。

❶ 烤箱設定 180℃（350 ℉）預熱，把一個直徑 20 公分（8 吋）圓型深蛋糕模抹上油，並襯一張烘焙紙。

❷ 用一個小鍋把椰子油或葵花人造奶油和子薑糖漿一起化開，把鍋子加熱，煮到湯汁變稠，再倒進蛋糕模裡並均勻地鋪滿底部。

❸ 把子薑和三分之一的鳳梨片排進蛋糕模並浸在糖漿裡，然後放一旁備用。

❹ 把麵粉、泡打粉和香料篩進一個大碗裡，拌勻後拌入紅糖。

❺ 把巴西堅果奶或椰奶和剩餘的鳳梨、香蕉打到順滑，加進❹中，攪拌均勻。再舀進鋪了鳳梨和子薑片的蛋糕模裡，並把表面抹平。

❻ 把蛋糕模放進烤箱烤 45 分鐘，或直到用烤肉叉刺進蛋糕中間，拿出來時沒有沾粘。蛋糕烤好後稍微放涼，再把蛋糕模倒扣在盤子上，倒出蛋糕並把襯墊紙去掉。

杏仁蛋糕

這款蛋糕的主材料是烤杏仁及杏仁醬,增添了堅果香,趁熱時搭配杏仁奶優格或杏仁冰淇淋一起食用。

未調味、已川燙生杏仁（另多準備一些裝飾用）	175 克
糖粉（另多準備一些裝飾用）	75 克
蛋	3 顆
椰子油或葵花人造奶油（另多準備一些塗抹用）	25 克
稀杏仁醬	30 毫升
杏仁精	2.5 毫升
中筋麵粉	15 克
乾杏仁麵粉（或以中筋麵粉代替）	15 克
蛋白	3 個
細砂糖	15 毫升

4-6 人份

變化版：

用榛果取代杏仁;巧克力榛果抹醬取代杏仁醬;同時用 15 毫升（1 湯匙）生可可或可可粉取代同數量的麵粉就能變成巧克力榛果蛋糕。

營養資訊：熱量 373 大卡;蛋白質 13.1 克;碳水化合物 22.7 克（其中糖佔 17 克）;脂肪 26.4 克（其中飽和脂肪占 3.3 克）;膽固醇 116 毫克;鈣 99 毫克;膳食纖維 1.2 克;鈉 106 毫克。

❶ 烤箱設定 160℃（32 ℉）預熱,把一個直徑 23 公分（9 吋）圓型淺蛋糕模抹上油,並鋪一層烘焙紙。

❷ 把杏仁鋪在烤盤上,烘烤 10 分鐘後放涼,然後大略切一下,連同一半份量的糖粉放進食物調理機裡磨成粉,再倒進大碗裡。

❸ 把烤箱溫度調到 200℃（400 ℉）,把 3 顆蛋和剩下的糖粉加進❷中,用電動打蛋器攪打,直到打蛋器拿開時,蛋糊會緩緩流下。

❹ 用一個小鍋加熱,把椰子油或葵花人造奶油化開,加入杏仁醬攪拌均勻,再連同杏仁精拌入❸,接著篩入麵粉,再拌進杏仁麵粉或另一份中筋麵粉。

❺ 把蛋白打到半打發的程度,加入糖,再打到蛋液呈堅挺狀,再拌入❹中,然後舀進蛋糕模裡。

❻ 烘烤 15-20 分鐘,直到蛋糕變金黃色,把蛋糕倒出來,撕掉烘焙紙,用預留的杏仁裝飾,並撒一點糖粉即可上桌。

腰果醬餅乾

這款易碎的餅乾非常容易製作，材料也很簡單，如果你本來就喜歡從罐子裡挖堅果醬來吃，那麼你一定會喜歡這款餅乾！

稀腰果醬	225 克
楓糖漿	30 毫升
生可可或未加糖可可粉	10 毫升
糖粉	2.5 毫升

12 個

變化版：

如果要做「指印餅乾」，可以用你的姆指、指尖或木湯匙的尾端，沾一點糖粉，在每塊餅乾中央戳個洞，再去烘烤。餅乾烤好後，趁還溫熱，舀一點果醬或巧克力榛果抹醬放進洞裡，再讓餅乾放涼。

營養資訊：熱量 119 大卡；蛋白質 3.7 克；碳水化合物 6.8 克（其中糖占 1.5 克）；脂肪 9.6 克（其中飽和脂肪占 2.5 克）；膽固醇 0 毫克；鈣 3 毫克；膳食纖維 0.1 克；鈉 8 毫克

1 烤箱設定 180℃（350 ℉）預熱，把烤盤襯上烘焙紙。

2 把 115 克腰果醬和 15 毫升（1 湯匙）楓糖漿倒進碗裡，用湯匙拌合。

3 再把其餘的腰果醬和楓糖漿倒入另一個碗中，篩入 7.5 毫升生可可或可可粉，充分拌到均勻。

4 把 2、3 分別作成 6 個核桃大小的小球，再輕輕壓平，排進烤盤中，每個餅乾之間要預留膨脹的空間。

5 把餅乾放進烤箱烤 5-7 分鐘或直到邊緣開始變成棕色，烤好後在原味餅乾上面撒些糖粉；可可口味那款則撒上剩餘的 2.5 毫升（½ 茶匙）生可可或可可粉，連同烤盤一起放涼之後，放進密封罐裡可以保存 4 天。

花生醬餅乾

這款知名的餅乾有許多版本，本書這款餅乾加了花生，因此口感更為鬆脆，如果你喜歡的話，可以搭配果醬一起享用。

人造奶油（先軟化）	115 克
紅糖	115 克
稀花生醬	115 克
全蛋蛋液	1 顆
低筋麵粉	150 克
泡打粉	2.5 毫升
未調味、去皮的碎花生	175 克

12 片

營養資訊： 熱量 299 大卡；蛋白質 7.7 克；碳水化合物 22.6 克（其中糖佔 11.7 克）；脂肪 20.3 克（其中飽和脂肪占 4.3 克）；膽固醇 19 毫克；鈣 64 毫克；膳食纖維 0.5 克；鈉 176 毫克。

❶ 烤箱設定 180℃（350℉）預熱，兩個烤盤鋪上烘焙紙。

❷ 把人造奶油和糖放進碗裡，一起打到綿密，再加入花生醬，打均勻。

❸ 把蛋液加進去，一次加一點，每加一次都要先打到均勻再加下一份，接著篩進麵粉和泡打粉，並把所有材料拌勻。

❹ 把碎花生放在盤子上。用湯匙舀起餅乾料並捏成圓球。（餅乾料可能會很黏，所以可以先冷藏幾分鐘）

❺ 把圓球放在碎花生上面滾一滾，再排進烤盤裡，圓球之間要相隔遠一點，並把圓球稍微壓平。

❻ 餅乾放進烤箱烤 8-10 分鐘或直到花生稍微變棕色，烤好時先連同烤盤靜置 5 分鐘，等餅乾變硬，再移到鐵架上放涼。存放密封罐，可以保存 5 天。

無穀物飲食法：30 天擺脫過敏與慢性疼痛的根源

彼得・奧斯朋◎著 王耀慶◎譯／定價 360 元

30 天 ・ 無藥 ・ 無麩質飲食
就能消除慢性疼痛，並在 15 天內體驗顯著改善。

專家研發兩階段食譜，包含一般性規則通論、大多數飲食中會接觸到的穀物與麩質成分、能吃與絕對不能碰的地雷食物。

堆疊飲食計畫

莎莉・畢爾◎著 郭珍琪◎譯／定價 350 元

只要 10 週，每週累積一種飲食習慣
愉快啟動終生受用的身體療癒力！

作者為專業營養師，以深入淺出的方式，解釋為何現代飲食充滿弊病，進而提出依詢現代營養科學法則，並參照古老長壽智慧而生的「堆疊飲食計畫」。

血管年輕，就能延年益壽：膠原蛋白的血管強健術

石井光◎著 盧宛瑜◎譯／定價 280 元

糖尿病、高血壓、心臟病、中風……
生病有 99% 因為血管老化。

本書作者為日本醫學博士，與讀者分享癌症免疫細胞療法、膠原蛋白對身體各式疾病的預防及治療，讓你血管年輕身體更健康！

電鍋料理王

人氣知名部落客 Amanda ◎著／定價 299 元

只要一鍋在手，想吃什麼就做什麼！
新手老手，通通上手！人人都是「電鍋料理王」
蒸 x 煮 x 燉 x 滷 x 煎 x 炒 x 炸
飯麵鹹點、湯品甜食、家常料理、大宴小酌……
廚房大小菜，電鍋就能做！

自體免疫戰爭：126 個難解疾病之謎與革命性預防

唐娜‧傑克森‧中澤◎著 劉又菘◎譯／定價 350 元

深入探索時代最大醫學謎團，
重新思考食品、壓力和化學毒害。

全方位說明何謂自體免疫系統疾病，從報導性案例披露、患者生活與治療過程，到醫界、學界的專家建言。

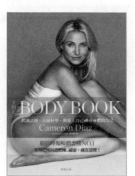

The Body Book：飢餓法則、力量科學，與愛上自己神奇身體的方法

卡麥蓉‧狄亞、珊卓‧巴克◎著 郭珍琪◎譯／定價 350 元

甜姊兒卡麥蓉‧狄亞 Cameron Diaz
華文首本健康養生書，教你引‧爆‧魅‧力

卡麥蓉毫不保留的分享個人心得、如何保持健康且充滿活力的實際經驗，同時並教導讀者該如何好好對待照顧自己的身體用！

椰子生酮飲食代謝法

布魯斯‧菲佛◎著 郭珍琪◎譯／定價 399 元

最適合減肥的飲食法
不用挨餓，吃得豐盛還能減重！

作者為全球椰子油專家，將該如何執行計畫、如何吃的實際方法大公開。三階段椰子生酮飲食計畫、飲食計畫前的準備與營養計算表，絕不藏私！

50 歲，怎樣生活最健康：莊淑旂博士的長壽養生智慧

莊靜芬◎著／定價 299 元

照顧自己與長輩都需要的養生智慧

莊靜芬醫師親身實踐母親莊淑旂博士的獨門養生法，愈來愈年輕，越活越健康！莊家的家傳養生術，誠摯分享給大家。

國家圖書館出版品預行編目資料

堅果奶、堅果醬料理大全 / 凱薩琳 . 阿特金森 (Catherine
Atkinson) 作；張鳳珠譯 . -- 初版 . -- 臺中市：晨星 , 2017.06
　　面；　公分 . -- （健康與飲食；112）

譯自：Nut milks and nut butters

　　ISBN 978-986-443-276-9（平裝）

　　1. 食譜　2. 堅果類

427.1　　　　　　　　　　　　　　　　　106007958

健康與飲食 112

堅果奶、堅果醬料理大全
Nut Milks and Nut Butters

作者	凱薩琳 ・ 阿特金森（Catherine Atkinson）
譯者	張鳳珠
主編	莊雅琦
編輯助理	劉容瑄
網路行銷	吳孟青
美術排版	蔡艾倫、曾麗香
封面設計	耶麗米

創辦人	陳銘民
發行所	晨星出版有限公司
	台中市 407 工業區 30 路 1 號
	TEL:（04）23595820 FAX:（04）23550581
	E-mail:health119@morningstar.com.tw
	http://www.morningstar.com.tw
	行政院新聞局版台業字第 2500 號

法律顧問	陳思成律師
初版	西元 2017 年 7 月 06 日
郵政劃撥	22326758（晨星出版有限公司）
讀者服務專線	04-23595819#230

印刷	上好印刷股份有限公司

定價 390 元
ISBN 978-986-443-276-9

Original Title: Nut Milks and Nut Butters (Catherine Atkinson)
Copyright © Anness Publishing Limited, UK 2015
Copyright © Complex Chinese translation, Morning Star Publishing Inc., 2016

◆ 讀者回函卡 ◆

以下資料或許太過繁瑣，但卻是我們瞭解您的唯一途徑
誠摯期待能與您在下一本書中相逢，讓我們一起從閱讀中尋找樂趣吧！

姓名：_____　性別：□男　□女　　生日：　　／　　／

教育程度：□小學 □國中 □高中職 □專科 □大學 □碩士 □博士

職業：□學生 □軍公教 □上班族 □家管 □從商 □其他_____

月收入：□ 3 萬以下 □ 4 萬左右 □ 5 萬左右 □ 6 萬以上

E-mail：_____　　聯絡電話：_____

聯絡地址：□□□_____

購買書名：　堅果奶、堅果醬料理大全_____

· 請問您是從何處得知此書？

□書店 □報章雜誌 □電台 □晨星網路書店 □晨星健康養生網 □其他_____

· 促使您購買此書的原因？

□封面設計 □欣賞主題 □價格合理 □親友推薦 □內容有趣 □其他_____

· 看完此書後，您的感想是？

_____

· 您有興趣了解的問題？（可複選）

□ 中醫傳統療法 □ 中醫脈絡調養 □ 養生飲食 □ 養生運動 □ 高血壓 □ 心臟病

□ 高血脂 □ 腸道與大腸癌 □ 胃與胃癌 □ 糖尿病 □ 內分泌 □ 婦科 □ 懷孕生產

□ 乳癌／子宮癌 □ 肝膽 □ 腎臟 □ 泌尿系統 □攝護腺癌 □ 口腔 □ 眼耳鼻喉

□ 皮膚保健 □ 美容保養 □ 睡眠問題 □ 肺部疾病 □ 氣喘／咳嗽 □ 肺癌

□ 小兒科 □ 腦部疾病 □ 精神疾病 □ 外科 □ 免疫 □ 神經科 □ 生活知識

□ 其他_____

□ 同意成為晨星健康養生網會員

以上問題想必耗去您不少心力，為免這份心血白費，請將此回函郵寄回本社或傳真
至（04）2359-7123，您的意見是我們改進的動力！

晨星出版有限公司 編輯群，感謝您！

享健康　免費加入會員·即享會員專屬服務：
【駐站醫師服務】免費線上諮詢 Q&A！
【會員專屬好康】超值商品滿足您的需求！
【每周好書推薦】獨享「特價」＋「贈書」雙重優惠！
【VIP 個別服務】定期寄送最新醫學資訊！
【好康獎不完】每日上網獎紅利、生日禮、免費參加各項活動！